基础篇精彩案例

实战：更换窗外风景

视频位置 第 2 章 \2.1.2 实战：更换窗外风景 .mp4

实战：用魔棒工具选取对象

视频位置 第 2 章 \2.1.3 实战：用魔棒工具选取对象 .mp4

实战：消除画面中的人物

视频位置 第 2 章 \2.2.4 实战：消除画面中的人物 .mp4

实战：去除小狗身上的斑点

视频位置 第 2 章 \2.3.1 实战：去除小狗身上的斑点 .mp4

实战：在场景中复制人物

视频位置 第 2 章 \2.3.4 实战：在场景中复制人物 .mp4

实战：为小熊添加毛发效果

视频位置 第 2 章 \2.3.8 实战：为小熊添加毛发效果 .mp4

实战：绘制几何图形小插画

视频位置 第 2 章 \2.4.1 实战：绘制几何图形小插画 .mp4

实战：绘制时尚小插画

视频位置 第 2 章 \2.4.2 实战：绘制时尚小插画 .mp4

课后习题：制作方块
拼图效果

实战：调整图
层顺序

实战：抠取烟
花图像

实战：制作双重
曝光效果

课后习题：针对
图像
大小缩放效果

实战：创建剪贴蒙版

实战：调整剪贴蒙版内
容的不透明度

实战：通过图层
蒙版合成
海洋场景

实战：创建矢量蒙版

视频位置　第 4 章 \4.4.1 实战：创建矢量蒙版 .mp4

实战：使用快速蒙版制作趣味图

视频位置　第 4 章 \4.5 实战：使用快速蒙版制作趣味图 .mp4

实战：创建专色通道

视频位置　第 5 章 \5.1.3 实战：创建专色通道 .mp4

实战：将通道中的内容粘贴到图像中

视频位置　第 5 章 \5.2.1 实战：将通道中的内容粘贴到图像中 .mp4

实战：创建点文字

视频位置　第 6 章 \6.1.2 实战：创建点文字 .mp4

实战：创建段落文字

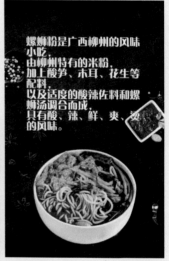

视频位置　第 6 章 \6.1.3 实战：创建段落文字 .mp4

实战：创建变形文字

视频位置　第 6 章 \6.1.4 实战：创建变形文字 .mp4

课后习题：动物海
///////// 报文字

视频位置　第 6 章 \6.5.1 课后习题：动物海报文字 .mp4

课后习题：咖啡广
///////// 告文字

视频位置　第 6 章 \6.5.2 课后习题：咖啡广告文字 .mp4

实战：使用智
///////// 能滤镜

视频位置　第 7 章 \7.1.3 实战：使用智能滤镜 .mp4

实战：制作抽丝
///////// 效果图

视频位置　第 7 章 \7.2.2 实战：制作抽丝效果图 .mp4

实战：使用
///////// Camera
Raw 校色

视频位置　第 7 章 \7.3.3 实战：使用 Camera Raw 校色 .mp4

课后习题：校正倾
///////// 斜照片

视频位置　第 7 章 \7.6.1 课后习题：校正倾斜照片 .mp4

课后习题：在场
///////// 景中
绘制树木

视频位置　第 7 章 \7.6.2 课后习题：在场景中绘制树木 .mp4

实战：为画面添
///////// 加花瓣动效

视频位置　第 8 章 \8.1.3 实战：为画面添加花瓣动效 .mp4

实战：制作视频转场效果

实战：制作动物头像帧动画

课后习题：制作蝴蝶飞舞动画

课后习题：制作铅笔素描动画

实战篇精彩案例

实战：牙齿矫正美白

视频位置　第 9 章 \9.1 实战：牙齿矫正美白 .mp4

实战：去除脸部瑕疵

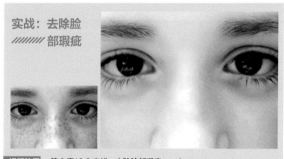

视频位置　第 9 章 \9.2 实战：去除脸部瑕疵 .mp4

实战：工笔画人像精修

视频位置　第 9 章 \9.3 实战：工笔画人像精修 .mp4

实战：玫瑰金钻石戒指精修

视频位置　第 10 章 \10.1 实战：玫瑰金钻石戒指精修 .mp4

实战：时尚美妆 Banner

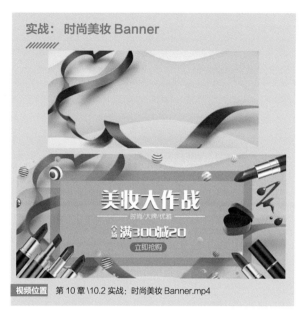

视频位置　第 10 章 \10.2 实战：时尚美妆 Banner.mp4

实战：清爽夏装新品海报

视频位置　第 10 章 \10.3 实战：清爽夏装新品海报 .mp4

实战：能量药丸图标

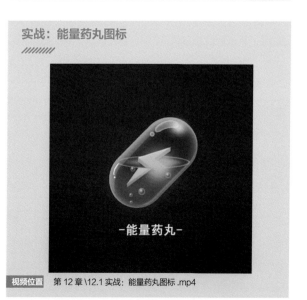

视频位置　第 12 章 \12.1 实战：能量药丸图标 .mp4

实战：复古收音机图标

//////////

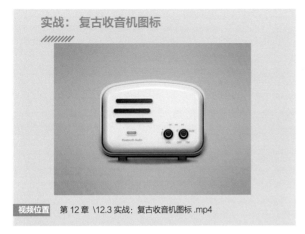

视频位置 第 12 章 \12.3 实战：复古收音机图标 .mp4

实战：小清新音乐播放器

//////////

视频位置 第 13 章 \13.1 实战：小清新音乐播放器 .mp4

实战：简约餐饮
美食网站

//////////

视频位置 第 13 章 \13.2 实战：简约餐饮美食网站 .mp4

实战：幸运转盘
游戏界面

//////////

视频位置 第 13 章 \13.3 实战：幸运转盘游戏界面 .mp4

实战："故障"艺
术动效图

//////////

视频位置 第 14 章 \14.1 实战："故障"艺术动效图 .mp4

实战：局部时间
静止动效

//////////

视频位置 第 14 章 \14.2 实战：局部时间静止动效 .mp4

实战：清凉泳池
动效文字

//////////

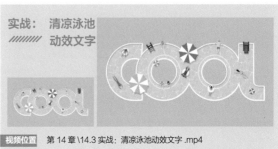

视频位置 第 14 章 \14.3 实战：清凉泳池动效文字 .mp4

附赠资源展示

照片和文字后期效果动作库

"动作"文件夹中提供了抽象人物、二次曝光、胶片、马赛克、立体相框和后期单色复古效果等多个动作，这些动作可以自动将照片处理为影楼后期实现的各种效果。此外，还附赠了诸如牛奶字、液化、火焰等多种文字效果动作，可以将文字处理为各种艺术字。以下是部分动作创建的效果。

多种多样的图层样式

要使用"图层样式"文件夹中的各种样式，只需单击即可为对象添加金属、水晶、纹理和浮雕等特效。读者可以通过在 Photoshop 软件中执行"编辑"|"预设"|"预设管理器"命令，打开"预设管理器"对话框，在"预设类型"下拉列表框中选择其中的"样式"选项，然后单击"载入"按钮来进行加载。

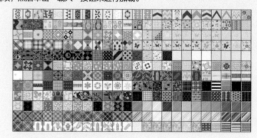

形式齐全的渐变方案

"渐变"文件夹中提供了多种渐变方案，读者可以通过在 Photoshop 软件中执行"编辑"|"预设"|"预设管理器"命令，打开"预设管理器"对话框，在"预设类型"下拉列表框中选择其中的"渐变"选项，然后单击"载入"按钮来进行加载。"渐变"的具体使用方法可以参见第 34 页的 2.2.7 节。

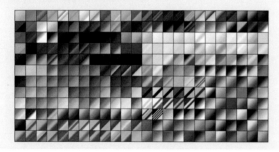

丰富多彩的填充图案

Photoshop 软件中自带了许多填充图案，但是这些图案中未必有读者所喜欢的，因此本书在"填充图案"文件夹中额外提供了丰富的填充图案供读者选择。读者可以通过在 Photoshop 软件中执行"编辑"|"预设"|"预设管理器"命令，打开"预设管理器"对话框，在"预设类型"下拉列表框中选择其中的"图案"选项，然后单击"载入"按钮来进行加载。

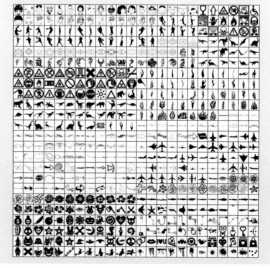

高清笔刷效果

"画笔"文件夹中提供了多种形状的画笔，读者可以通过在 Photoshop 软件中执行"编辑"|"预设"|"预设管理器"命令，打开"预设管理器"对话框，在"预设类型"下拉列表框中选择其中的"画笔"选项，然后单击"载入"按钮来进行加载。"画笔"的具体使用方法可以参见第 30 页的 2.2.1 节。

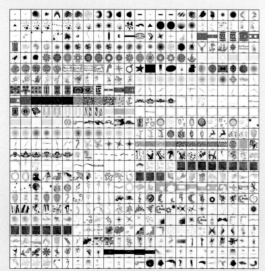

种类繁多的形状样式

要使用"形状样式"文件夹中的各种样式，只需执行"自定形状"命令，即可快速创建动物、植物、标记等多种图案形状。读者可以通过在 Photoshop 软件中执行"编辑"|"预设"|"预设管理器"命令，打开"预设管理器"对话框，在"预设类型"下拉列表框中选择其中的"自定形状"选项，然后单击"载入"按钮来加载本书附赠的形状样式。

王炜丽 陈英杰 张 毅 编著

2019

Photoshop CC
实战从入门到精通

人民邮电出版社

北 京

图书在版编目（CIP）数据

Photoshop CC 2019实战从入门到精通 / 王炜丽，陈英杰，张毅编著. -- 北京：人民邮电出版社，2020.7（2023.1重印）
ISBN 978-7-115-44972-6

Ⅰ．①P… Ⅱ．①王… ②陈… ③张… Ⅲ．①图象处理软件 Ⅳ．①TP391.413

中国版本图书馆CIP数据核字(2020)第047020号

内 容 提 要

本书是初学者快速自学 Photoshop CC 2019 的高效教程。全书从实用角度出发，既有工具、图层样式、蒙版、通道和滤镜等理论知识、技法原理的介绍（前 8 章），又有各个设计领域实战案例（后 6 章），其中实战案例覆盖了人像处理、淘宝美工、创意合成、图标绘制、界面设计和动效制作等热门领域，实用性极强。本书为鼓励读者在实战过程中有针对性地进行软件学习，在案例中设计了实用的功能索引，方便读者快速查到相应的基础知识点。通过这种形式的学习，读者能尽可能多地掌握设计中的关键技术与设计理念。

书中配备了所有案例的教学视频，并随书赠送案例讲解过程中运用到的相关素材及效果源文件。另外，编者还精心整理了一些常用的画笔、样式和电子书等 Photoshop 实用资源，读者可扫描书中二维码进行获取。

本书结构清晰，文字通俗易懂，案例丰富精美，适用于广大 Photoshop 初学者，可供从事平面设计、UI 设计、网页设计、摄影后期、自媒体设计和电商设计等工作的读者学习参考，也可作为中等专业学校、高等院校相关专业和培训机构的教材。

◆ 编　著　王炜丽　陈英杰　张　毅
　　责任编辑　张丹阳
　　责任印制　马振武

◆ 人民邮电出版社出版发行　　北京市丰台区成寿寺路 11 号
　　邮编　100164　　电子邮件　315@ptpress.com.cn
　　网址　https://www.ptpress.com.cn
　　北京捷迅佳彩印刷有限公司印刷

◆ 开本：787×1092　1/16　　彩插：4
　　印张：15　　2020 年 7 月第 1 版
　　字数：483 千字　　2023 年 1 月北京第 8 次印刷

定价：79.00 元

读者服务热线：(010)81055410　印装质量热线：(010)81055316
反盗版热线：(010)81055315
广告经营许可证：京东市监广登字 20170147 号

前 言

Photoshop 是 Adobe 公司推出的一款专业的图像处理软件，该软件应用领域广泛，在图像、图形、文字、视频等方面均有涉及。Photoshop 在当下热门的淘宝美工、平面广告、出版印刷、UI 设计、网页制作、产品包装、书籍装帧等各方面都发挥着重要作用。本书所讲解的软件版本为 Photoshop CC 2019。

一、编写目的

鉴于 Photoshop 的强大功能及其在各种领域的广泛运用，编者力图编写一本全方位介绍 Photoshop CC 2019 基本使用方法与技巧的工具书，结合当下热门行业案例实训，帮助读者逐步掌握并灵活使用 Photoshop 软件。

二、本书内容

本书是全面、系统讲述 Photoshop 软件的自学教程。全书共分为 14 章，主要讲述了 Photoshop 入门必备知识和抠图、修图、调色、合成、特效等核心技术，以及人像处理、淘宝美工、创意合成、图标绘制、界面设计、动效制作等工作必备的图像处理知识。

三、本书版面说明

为了让读者轻松自学以及深入了解软件功能，本书专门设计了"实战""答疑解惑""相关链接""本章小结""课后习题"等板块，简要介绍如下。

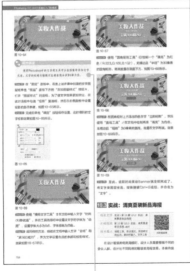

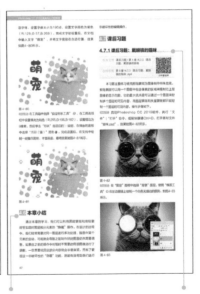

实战：书中提供了58 个实战案例，且每个案例均提供素材源文件和教学视频，可以帮助读者轻松掌握软件的使用方法。

答疑解惑：对 Photoshop 初学者最容易感到困惑的地方做出解答，同时进行部分内容的延伸讲解，有利于读者进行深入研究。

相关链接：Photoshop 软件体系庞杂，许多功能之间都有联系，该板块列出了当前操作与之前学习的软件命令之间的联系，可以起到温故而知新的作用。

本章小结：在基础篇每章内容介绍完毕之后，都会对整章的知识进行总结，旨在对所述内容进行梳理，帮助读者更好地学习。

课后习题：在基础篇每章的最后，都会有课后习题供读者上手操作。习题不会给出完整的操作步骤，但会给出操作提示，同样会给出源文件和教学视频，供读者学习参考。

四、本书写作特色

本书以通俗易懂的语言，结合精美的创意案例，全面、深入地讲解 Photoshop CC 2019 这一功能强大、应用广泛的图像处理软件。总的来说，本书有以下特点。

- 本书完全站在初学者的立场，由浅至深地对 Photoshop CC 2019 的常用工具、功能、技术要点进行了详细、全面的讲解。案例涵盖面广，从基本内容到行业应用均有涉及，可满足绝大多数读者的设计需求。
- 编者还将平时工作中积累的各方面的实战技巧、设计经验分享给读者，让读者在自学的同时掌握实战技巧并积累经验，能轻松应对复杂、不断变化的工作需求。基础篇均通过视频讲解和随堂练习的方式来讲解基础知识和基本操作，保证读者轻松入门，快速学会。
- 案例涵盖 Photoshop 应用的各个领域，力求使读者在学习技术的同时也能拓展设计视野与思维。只有紧跟行业发展，巩固设计基础，才能轻松完成各类设计工作。

五、可扫码观看教学视频

为了方便读者学习本书的内容，本书为所有的"实战"和"课后习题"都配备了一个二维码，用手机或平板电脑等设备扫描该二维码，即可在线观看当前案例的教学视频。

扫码看视频：书中提供了 58 个操作实战，外加 16 个课后习题，每一个案例旁边都有一个二维码，扫描该二维码，即可在线观看对应案例的教学视频。

扫码看讲解：扫描该二维码，即可在线观看当前章节的讲解视频，获得更生动、详细的教学体验。

本书附带学习资源，内含 4 个文件夹，分别是"素材文件""教学视频""附赠资源""配色电子书"。"素材文件"文件夹内包含本书所有实战案例、课后习题的效果源文件和所用素材；"教学视频"文件夹内包含本书所有实战案例和课后习题的教学视频；"附赠资源"文件夹内提供了动作、画笔、渐变、填充图案、图层样式、形状样式等 6 类 Photoshop 资源，在 Photoshop 中加载即可使用；"配色电子书"文件夹内提供了 CMYK 色卡、CMYK-RGB 对照表和经典配色方案收集等 PDF 电子文档，供读者在设计作品时参考。

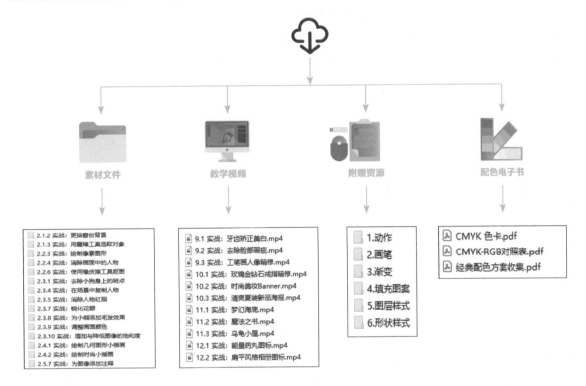

七、关于作者

本书由麓山文化组织编写。由于编者水平有限，书中疏漏之处在所难免。在感谢您选择本书的同时，也希望您能够把对本书的意见和建议告诉我们。

联系信箱：lushanbook@qq.com

读者 QQ 群：327209040

麓山文化

2020 年 1 月

资源与支持

本书由"数艺设"出品，"数艺设"社区平台（www.shuyishe.com）为您提供后续服务。

配套资源

素材文件：书中所有实战案例、课后习题的效果源文件和所用素材。

教学视频：书中所有实战案例和课后习题的完整操作思路和细节讲解视频。

附赠资源：附赠动作、画笔、渐变、填充图案、图层样式、形状样式等学习资源。

配色电子书：CMYK 色卡、CMYK-RGB 对照表和经典配色方案收集等 PDF 电子文档。

资源获取请扫码

"数艺设"社区平台，为艺术设计从业者提供专业的教育产品。

与我们联系

我们的联系邮箱是 szys@ptpress.com.cn。如果您对本书有任何疑问或建议，请您发邮件给我们，并请在邮件标题中注明本书书名及 ISBN，以便我们更高效地做出反馈。

如果您有兴趣出版图书、录制教学课程，或者参与技术审校等工作，可以发邮件给我们；有意出版图书的作者也可以到"数艺设"社区平台在线投稿（直接访问 www.shuyishe.com 即可）。如果学校、培训机构或企业想批量购买本书或"数艺设"出版的其他图书，也可以发邮件联系我们。

如果您在网上发现针对"数艺设"出品图书的各种形式的盗版行为，包括对图书全部或部分内容的非授权传播，请您将怀疑有侵权行为的链接通过邮件发给我们。您的这一举动是对作者权益的保护，也是我们持续为您提供有价值的内容的动力之源。

关于数艺设

人民邮电出版社有限公司旗下品牌"数艺设"，专注于专业艺术设计类图书出版，为艺术设计从业者提供专业的图书、U 书、课程等教育产品。出版领域涉及平面、三维、影视、摄影与后期等数字艺术门类，字体设计、品牌设计、色彩设计等设计理论与应用门类，UI 设计、电商设计、新媒体设计、游戏设计、交互设计、原型设计等互联网设计门类，环艺设计手绘、插画设计手绘、工业设计手绘等设计手绘门类。更多服务请访问"数艺设"社区平台 www.shuyishe.com。我们将提供及时、准确、专业的学习服务。

目 录

第 03 章　图层
视频讲解
50 分钟

第 04 章　蒙版与合成
视频讲解
54 分钟

第**1**篇

基础篇

本篇内容简介

　　本篇主要介绍Photoshop CC 2019的通用知识，包括工作区介绍，文件操作介绍，还有图层、蒙版、通道、文字、滤镜等功能讲解。

通过本篇学习，读者可以做什么

　　通过本篇的学习，读者可以掌握Photoshop CC 2019的常规操作，能完成常见的抠图、合成、修图等工作。

第 **01** 章

Photoshop基本操作

本章主要为各位读者介绍Photoshop的一些基础知识。在正式开始学习Photoshop CC 2019这款软件之前，需要对Photoshop的工作区有一个大致的了解，同时掌握软件的一些基本操作，在夯实软件基础的前提下，循序渐进地学习后续章节的内容。

1.1 Photoshop CC 2019概述

Photoshop是美国Adobe公司旗下的一款集图像扫描、编辑修改、图像制作、广告创意及图像输入与输出于一体的图形处理软件，被誉为"图像处理大师"。它的功能十分强大并且操作方便，深受广大设计人员和计算机美术爱好者的喜爱。新版的Photoshop CC 2019具有更快的速度和更强大的功能，可以让用户在创作时享有更多的自由，从而创作出令人惊叹的图像。

扫二维码查看该版本新功能演示视频

1.1.1 新增和改进功能介绍

Photoshop CC 2019的新功能和改进功能可以极大地丰富用户的数字图像处理体验。如全新的智能锐化工具可以使细节更为鲜明，全新和改进的工具以及工作流程让用户可以直观地创建3D图像、进行2D设计等。图1-1所示为Photoshop CC 2019启动界面。

图 1-1

1. 默认撤销键

从该版本开始，快捷键Ctrl+Z成为Photoshop的默认连续撤销键。

2. 图框工具

新增的"图框工具" ⊠ 可将形状或文本转化为图框，

以便用户向其中填充图像，如图1-2和图1-3所示。

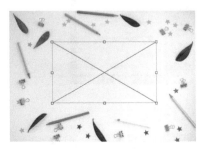

图 1-2

图 1-3

3. 快捷键Ctrl+T默认等比例缩放

在之前的版本中，按快捷键Ctrl+T所打开的定界框默认是非等比例缩放，如果用户在操作过程中需要执行等比例缩放，则必须先按住Shift键，然后拖动定界框边缘。而在Photoshop CC 2019中，定界框的默认缩放已改成了等比例缩放，如果需要进行非等比例缩放，则按住Shift键再拖动定界框边缘即可。

4. 图层混合模式即时预览

在之前的版本中进行图层效果混合时，首先需要选定一个图层，然后单击查看不同模式下的混合效果。而Photoshop CC 2019增加了图层混合模式即时预览功能，只需打开菜单，然后将鼠标指针在不同混合模式上停留，就能即时显示出具体的合成效果了。

5. 新增"色轮"工具

"颜色"面板中增加了"色轮"工具，可以让用户更方便地查找对比色及邻近色，如图1-4所示。

图 1-4

本中已经包括了水平分布和垂直分布排列功能，但这些都是按照对象的中心点来进行排列的。如果对象大小不一，间距也会变得不一样。2019版本的"分布间距"功能则解决了这个问题，即便被选中的对象精细程度不同，"分布间距"功能也能保证每个元素的间距相同。

图 1-5   图 1-6

6. 更"聪明"的V键

V键在Adobe家族中一直是移动工具的代名词，在2019版本中，一很大的改进就是智能识别所双击的元素类别。如双击文字就能进入文字编辑模块，双击形状就能进入形状编辑模块，双击图片就能进入图片编辑模块等，整个过程全自动智能识别。

7. 优化长图层名称显示

2019版本优化了长图层名称的显示方式，即除了显示图层名称的前面文字，还会显示结尾文字，更加人性化。

8. 新对称模式

在以往版本对称模式的基础上，2019版本增加了"径向" 🪄 和"曼陀罗" 🎋 两种全新的对称模式，如图1-5和图1-6所示。

9. 对齐功能新增"分布间距"

这项功能主要是针对大小不同的形状元素设计，旧版

10. 文字工具更方便

新的文字工具在易用性方面更人性化，在文字内双击即可进入编辑状态，在文字外即可确认编辑，这属于效率方面的优化，十分方便。

11. 输入框支持简单数学运算

Photoshop CC 2019允许在输入框内输入简单的数学运算符。例如，在调整图像尺寸时，会需要一些精确计算。其他版本是在计算器里算好后再填入输入框，而2019版本则可以直接输入运算符，Photoshop将自动计算出结果并完成调整，便于进行一些精确修图。

1.1.2 安装运行环境

Photoshop CC 2019的安装与卸载方法与其他版本大致相同。Photoshop CC 2019是制图类的设计软件，对计算机的硬件设备会有一定的配置需求，表1-1是Adobe推荐的最低系统要求。

表1-1 最低系统要求

Windows	64 位的 Intel 或 AMD 处理器，2 GHz 或以上； 带有 Service Pack 的 Microsoft Windows 7（64 位）、Windows 10（1709 版本或更高版本）； 2 GB 或更大 RAM（推荐使用 8 GB）； 64 位安装需要 3.1 GB 或更大的可用硬盘空间，安装过程中会需要更多可用空间（无法在使用区分大小写的文件系统的卷上安装）； 1024 像素 ×768 像素屏幕分辨率（推荐使用 1280 像素 ×800 像素），16 位颜色以及具有 512 MB 或更大内存的专用 VRAM，推荐使用 2 GB 的 VRAM； 支持 OpenGL 2.0 的系统； 不再支持 32 位版本的 Windows 操作系统，用户如果需要获得对 32 位驱动程序和插件的支持，请使用早期版本的 Photoshop
Mac OS	64 位的多核 Intel 处理器； Mac OS 10.12（Sierra），Mac OS 10.13（High Sierra），Mac OS 10.14（Mojave） 2 GB 或更大 RAM（推荐使用 8 GB）； 安装需要 4 GB 或更大的可用硬盘空间，安装过程中会需要更多可用空间（无法在使用区分大小写的文件系统的分区上安装）； 1024 像素 ×768 像素显示器（推荐使用 1280 像素 ×800 像素），带有 16 位颜色和 512 MB 或更大的专用 VRAM，推荐使用 2 GB 的 VRAM； 支持 OpenGL 2.0 的系统

扫二维码查看工作
界面的讲解视频

答疑解惑：安装 Photoshop CC 2019 后，如何启动该软件？

在计算机上成功安装Photoshop CC 2019之后，用户可以在"程序"菜单中找到并单击Adobe Photoshop CC 2019程序，或者双击桌面上的Adobe Photoshop CC 2019快捷方式图标，启动该软件。

1.2 Photoshop工作区介绍

Photoshop CC 2019的工作界面简洁而实用，进行工具的选取、面板的访问、工作区的切换等都十分方便。不仅如此，工作界面的亮度还可以调整，以便凸显图像。诸多设计的改进为用户提供了更加流畅和高效的编辑环境。Photoshop CC 2019的工作界面如图1-7所示。

图 1-7

◆ 菜单栏：菜单中包含可以执行的各种命令，单击菜单名称即可打开相应的菜单。

◆ 工具箱：包含用于执行各种操作的工具，如创建选区、移动图像、绘画和绘图等。

◆ 工具选项栏：包含用于设置工具的各种选项，它会随着所选工具的不同而改变选项内容。

◆ 面板：有的用来设置编辑选项，有的用来设置颜色属性。

◆ 状态栏：可以显示文档大小、文档尺寸、当前工具和窗口缩放比例等信息。

◆ 文档窗口：是显示和编辑图像的区域。打开多个图像时，只在文档窗口中显示当前图像，其他的则最小化为选项卡。单击选项卡便可显示相应的图像。选项卡中显示文档名称、文件格式、窗口缩放比例和颜色模式等信息。如果文档中包含多个图层，则选项卡中还会显示当前工作图层的名称。

答疑解惑：Photoshop CC 2019 的工作界面可以换颜色吗？

可以换颜色。执行"编辑"|"首选项"|"界面"命令，打开"首选项"对话框，在"颜色方案"选项中可以调整工作界面的颜色。从黑色到浅灰色，共有4种颜色方案，如图1-8所示。

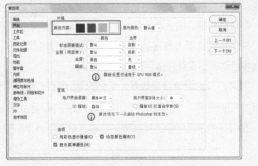

图 1-8

1.2.1 **文档窗口**

在Photoshop CC 2019中打开一个图像时，便会创建一个文档窗口。如果打开了多个图像，图像便会以选项卡的形式出现在文档窗口上方，如图1-9所示。单击选项卡，即可将其中的图像置为当前图像，如图1-10所示。按快捷键Ctrl+Tab，可按照前后顺序切换窗口；按快捷键Ctrl+Shift+Tab，则按照相反的顺序切换窗口。

图 1-11

图 1-9

图 1-12

图 1-10

在一个窗口的选项卡上按住鼠标左键，将其从选项卡区域拖出，它便成为可以任意移动位置的浮动窗口（拖动标题栏可进行移动），如图1-11所示。拖动浮动窗口的一角，可以调整窗口的大小，如图1-12所示。将浮动窗口的标题栏拖动到选项卡区域，当出现蓝色边框时释放鼠标，可以将浮动窗口重新停放到选项卡区域。

如果打开的图像数量较多，导致选项卡区域不能显示所有文档的名称，可单击选项卡区域右端的双箭头按钮 »，在打开的子菜单中选择需要的文档，如图1-13所示。

图 1-13

此外，沿水平方向拖动文档选项卡，可以调整它们的排列顺序。

单击选项卡右端的 × 按钮，可以关闭该窗口。如果要关闭所有窗口，可以在一个文档的标题栏上右击，弹出子菜单，选择"关闭全部"命令。

1.2.2 **工具箱**

工具箱中包含了选择、绘图、编辑、文字等共40多种工具，如图1-14所示。Photoshop CC 2019工具箱有单列和双列两种显示模式，单击工具箱顶部的双箭头按钮，可以将工具箱切换为单列（或双列）显示。使用单列显示模式可以有效节省屏幕空间，使图像的显示区域更大，方便用户的操作。

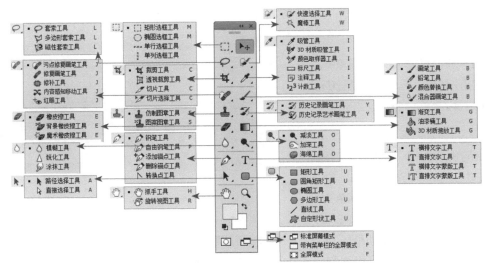

图 1-14

1. 移动工具箱

默认情况下，工具箱在窗口左侧。将鼠标指针放在工具箱顶部空白处，然后按住鼠标左键并向右侧拖动，可以将工具箱拖出，放在窗口中的任意位置。

2. 调用工具箱中的工具

单击工具箱中的任意工具按钮，即可调用该工具，如图1-15所示。如果工具右下角带有三角形按钮，表示这是一个工具组，在工具组上按住鼠标左键可以显示其中隐藏的工具，如图1-16所示。将鼠标指针移动到隐藏的工具上然后单击，即可选择该工具，如图1-17所示。

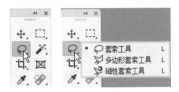

图 1-15　图 1-16

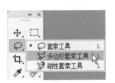

图 1-17

？？ 答疑解惑：如何快速查看工具对应的快捷键？

常用的工具都可以通过相应的快捷键来选择。例如，按V键可以选择移动工具。如果要查看快捷键，可将鼠标指针放在一个工具上，停留片刻就会显示工具名称和快捷键信息。此外，按Shift键+工具快捷键，可在一组隐藏的工具中循环选择各个工具。

1.2.3 **工具选项栏**

工具选项栏主要用来设置工具的参数，不同的工具所对应的参数也会不同。例如，当选择"移动工具" ✛ 时，其选项栏会显示图 1-18所示的内容；而当选择"快速选择工具" ✐ 时，选项栏会显示图1-19所示的内容。

图 1-18

图 1-19

1.2.4 菜单栏

Photoshop CC 2019菜单栏中包含11个菜单，每个菜单内都包含一系列的命令，它们有着不同的显示状态。只要了解了每一个菜单的特点，就能掌握这些菜单命令的使用方法。

1. 打开菜单

单击某一个菜单的名称即可打开该菜单。在菜单中，不同功能的命令之间会采用分隔线分开。将鼠标指针移动至"调整"命令上，会打开其子菜单，如图1-20所示。

2. 执行菜单中的命令

选择菜单中的命令即可执行此命令。如果命令后面有快捷键，也可以通过快捷键的方式来执行命令。例如，按快捷键Ctrl+O可以打开"打开"对话框。菜单中带有黑色三角形标记的命令表示包含子菜单；如果一个命令的名称右侧有"…"符号，则表示执行该命令时会打开一个对话框。如果有些命令只提供了字母，可以按Alt键+主菜单的字母所对应的键+命令后面的字母所对应的键选择该命令。例如，按快捷键Alt+I+D可执行"图像"|"复制"命令，如图1-21所示。

图 1-20   图 1-21

答疑解惑：为什么有些菜单命令是灰色的？

如果菜单中的某些命令显示为灰色，则表示它们在当前状态下不能使用。例如，在没有创建选区的情况下，"选择"菜单中的多数命令都不能使用；在没有创建文字的情况下，"文字"菜单中的多数命令不能使用。

1.2.5 面板

面板是Photoshop的重要组成部分，可以用来设置颜色和工具参数，或执行各种编辑命令。Photoshop CC 2019中包含20多个面板，在"窗口"菜单中可以选择需要的面板将其打开。默认情况下，面板以选项卡的形式成组

出现，并停靠在窗口右侧，用户可以根据需要打开、关闭或自由组合面板。

1. 选择面板

在面板组中单击一个面板的选项卡，即可切换到该面板，如图1-22和图1-23所示。

图 1-22   图 1-23

2. 折叠/展开面板

单击导航面板组右上角的三角按钮 ，可以将面板折叠为按钮状，如图1-24所示。单击按钮可以展开相应的面板，如图1-25所示。再次单击面板右上角的 按钮，可将其重新折叠为按钮状。拖动面板组左边框，可以调整面板组的宽度，让面板的名称显示出来，如图1-26所示。

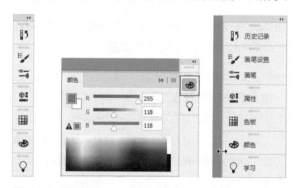

图 1-24   图 1-25   图 1-26

3. 组合面板

将鼠标指针放置在某个面板上，将其拖动到另一个面板的标题栏上，当出现蓝色框时释放鼠标，即可将其与目标面板组合，如图1-27和图1-28所示。

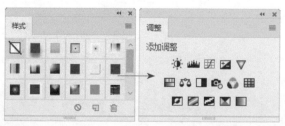

图 1-27

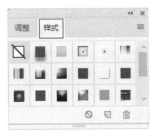

图 1-28

　　将多个面板合并为一个面板组，或将一个浮动面板合并到面板组中，可以为文档窗口腾出更多的空间。

4. 连接面板

　　将鼠标指针放在面板的标题栏上，将其拖动至另一个面板上方，当出现蓝色框时释放鼠标，即可将这两个面板连接在一起，如图1-29所示。连接的面板可同时移动或折叠为按钮状。

图 1-29

5. 移动面板

　　将鼠标指针放在面板的名称上，将其向外拖动到窗口空白处，如图1-30所示，即可将其从面板组中分离出来，使之成为浮动面板，如图1-31所示。拖动浮动面板的名称，可以将它放在窗口中的任意位置。

图 1-30　　　　　　　　　　图 1-31

6. 调整面板大小

　　拖动面板的右下角，可同时调整面板的高度与宽度，如图1-32所示。

图 1-32

7. 打开面板菜单

　　单击面板右上角的 ▤ 按钮，可以打开面板菜单，如图1-33所示。面板菜单中包含与当前面板有关的各种命令。

图 1-33

8. 关闭面板

　　在面板的标题栏上右击，可以弹出快捷菜单，如图1-34所示。选择"关闭"命令，可以关闭该面板；选择"关闭选项卡组"命令，可以关闭该面板组。对于浮动面板，可单击其右上角的 ✕ 按钮将其关闭。

图 1-34

答疑解惑：打开的面板太多了，怎么快速复位？

如果Photoshop CC 2019中堆叠面板过多，需要快速复位，可以执行"窗口"|"工作区"|"复位基本功能"命令，将工作界面快速恢复到默认状态。

1.2.6 状态栏

状态栏位于文档窗口底部，它可以显示文档窗口的缩放比例、文档大小和当前使用的工具等信息。单击状态栏中的 ▶ 按钮，可在打开的菜单中选择状态栏的具体显示内容，如图1-35所示。将鼠标指针移至状态栏，按住鼠标左键则可以显示图像的宽度、高度和通道等信息；按住Ctrl键同时按住鼠标左键不放，可以显示图像的拼贴宽度等信息。

图 1-35

◆ 文档大小：显示当前文档中图像的数据量信息。

◆ 文档配置文件：显示图像所使用的颜色配置文件的名称。

◆ 文档尺寸：显示当前图像的尺寸。

◆ 测量比例：显示文档的测量比例。测量比例是在图像中设置的与比例单位（如英寸、毫米或微米）数相等的像素数，Photoshop可以测量用标尺工具或选择工具定义的区域的大小。

◆ 暂存盘大小：显示关于处理图像的内存和Photoshop暂存盘的信息。

◆ 效率：显示执行操作实际花费时间的百分比。当效率为100%时，表示当前处理的图像在内存中已经生成；如果低于该值，则表示Photoshop正在使用暂存盘，操作速度会变慢。

◆ 计时：显示完成上一次操作所用的时间。

◆ 当前工具：显示当前使用工具的名称。

◆ 32位曝光：用于调整预览图像，以便在计算机显示器上查看32位/通道高动态范围（HDR）图像的选项。只有

文档窗口显示HDR图像时，该选项才能使用。

◆ 存储进度：保存文件时，可以显示存储进度。

◆ 智能对象：显示当前文档是否为智能对象。

◆ 图层计数：显示当前文档中图层的使用数量。

1.3 文件的基本操作

在熟悉了Photoshop CC 2019的操作界面后，本节将为各位读者介绍文件的一些基本操作，包括新建、打开、置入、导入、导出、存储和关闭等操作。

扫二维码查看文件操作的讲解视频

1.3.1 新建文件

执行"文件"|"新建"命令，或按快捷键Ctrl+N，打开"新建文档"对话框，如图1-36所示。在右侧输入文件名并设置文件尺寸、分辨率、颜色模式和背景内容等，单击"创建"按钮，即可创建一个空白文件。如果想使用旧版本的新建文档界面，可执行"编辑"|"首选项"|"常规"命令，勾选"使用旧版'新建文档'界面"复选框，即可切换成旧版新建界面，如图1-37所示。

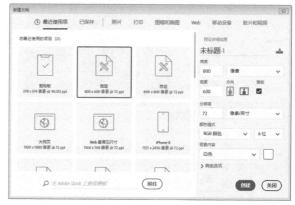

图 1-36

◆ 名称：可输入文件的名称，也可以使用默认的文件名"未标题-1"。创建文件后，文件名会显示在文档窗口的标题栏中。保存文件时，文件名会自动显示在存储文件的对话框内。

图 1-37

◆ 宽度/高度：可输入文件的宽度和高度。在右侧的下拉列表框中可以选择单位，包括"像素""英寸""厘米""毫米""点""派卡""列"。

◆ 分辨率：可输入文件的分辨率。在右侧下拉列表框中可以选择分辨率的单位，包括"像素/英寸"和"像素/厘米"。

◆ 颜色模式：可以选择文件的颜色模式，包括位图、灰度、RGB颜色、CMYK颜色和Lab颜色。

◆ 背景内容：可以选择文件背景的内容，包括"白色""黑色""背景色""透明"等。

◆ 高级选项：包含"颜色配置文件"和"像素长宽比"选项。在"像素长宽比"下拉列表框中可以选择像素的长宽比。计算机显示器上的图像是由方形像素组成的，除非是用于视频的图像，否则都应选择"方形像素"。选择其他选项可使用非方形像素。

?? 答疑解惑：新建文档时如何选择项目尺寸？

根据不同行业的项目需求，Photoshop将常用的尺寸进行了分类，用户可以根据需要在预设中找到所需要的尺寸。例如：如果项目用于排版、印刷，那么选择"打印"选项，即可在下方看到常用的打印尺寸；如果是UI设计，那么选择"移动设备"选项，在下方就会出现时下电子移动设备常用的尺寸供用户选择。

1.3.2 打开文件

在Photoshop中打开文件的方法有很多种，可以使用命令打开，可以使用快捷键方式打开，也可以用Adobe Bridge打开。

1. 用"打开"命令打开文件

执行"文件"|"打开"命令，或按快捷键Ctrl+O，将弹出"打开"对话框。在对话框中选择一个文件，或者按住Ctrl键同时单击以选择多个文件，然后单击"打开"按钮或双击文件即可将其打开，如图1-38所示。

图 1-38

?? 答疑解惑：为什么文件在"打开"对话框中没有显示？

"文件名"右侧的选项如果显示的是"所有格式"，则表示此时所有Photoshop支持格式的文件都可以显示。如果展开下拉列表框选择某一特定格式，那么其他格式的文件即使存在于文件夹中，也无法显示。

2. 用"打开为"命令打开文件

如果使用与文件的实际格式不匹配的扩展名存储文件（如用扩展名.gif存储PSD文件），或者文件没有扩展名，则Photoshop可能无法确定文件的正确格式，导致不能打开文件。

如果遇到这种情况，可以执行"文件"|"打开为"命令，在打开的"打开"对话框中选择文件，并在下方的下拉列表框中为它指定正确的格式，如图1-39所示，再单击"打开"按钮将其打开。如果用这种方法仍不能打开文件，则表示选取的格式可能与文件的实际格式不匹配，或者文件已经损坏。

图 1-39

3. 通过快捷方式打开文件

在Photoshop还没有运行时，可将文件拖到Photoshop应用程序图标上快速打开，如图1-40所示。当运行了Photoshop后，可将文件直接拖动到Photoshop的图像编辑区域中打开，如图1-41所示。

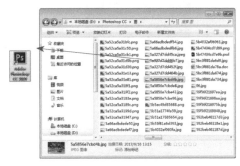

图 1-40

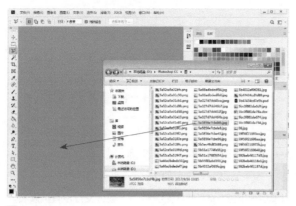

图 1-41

　　在使用拖动文件到图像编辑区的方法打开文件时，如果有已打开的文档，需要将其最小化，再将文件拖动至编辑区域。

4. 打开最近使用过的文件

　　执行"文件"|"最近打开文件"命令，其子菜单中会显示最近在Photoshop中打开过的20个文件，单击任意一个文件即可将其打开。选择子菜单中的"清除最近的文件列表"命令，可以清除保存的目录。

?? 答疑解惑：最近打开文件的显示数量可以更改吗？

　　可以更改。执行"编辑"|"首选项"|"文件处理"命令，在Photoshop"首选项"对话框中可以修改近期文件列表包含的文件数量。

5. 作为智能对象打开

　　执行"文件"|"打开为智能对象"命令，打开"打开"对话框，如图1-42所示。将所需文件打开后，文件会自动转换为智能对象（图层缩览图右下角有一个智能对象图标），如图1-43所示。

图 1-42

图 1-43

?? 答疑解惑：什么是"智能对象"？

　　智能对象是一个嵌入当前文档中的文件，它可以保留文件的原始数据，进行非破坏性编辑。

1.3.3 在文档中置入对象

　　在Photoshop中，通过"打开"命令只能将图片在Photoshop中以一个独立文件的形式打开，并不能将文件添加到当前的文件中。可以通过"置入"操作向当前文档置入对象。

1. 置入对象

　　在已有的文件中，执行"文件"|"置入嵌入对象"命令，在打开的"置入嵌入的对象"对话框中选择需要置入的文件，单击"置入"按钮，如图1-44所示。之后选择的对象会被置入当前文档中，并且置入对象的边缘会显示定界框和控制点，如图1-45所示。

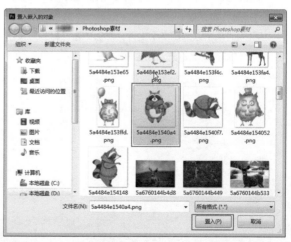

图 1-44

图 1-45

按住鼠标左键拖动定界框上的控制点可以放大或缩小图像，如图1-46所示。此外，还可以对对象进行旋转操作。按住鼠标左键拖动置入对象可以调整其位置。调整完成后按Enter键即可完成置入操作，在图层面板中可以看到新置入的智能对象图层，如图1-47所示。

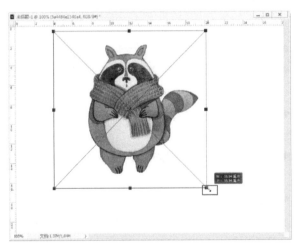

图 1-46

图 1-47

2.　将智能对象转换为普通对象

置入后的素材对象会作为智能对象。智能对象的好处在于，无论用户是对图像进行缩放、定位、斜切、旋

转还是变形等操作，都不会降低图像的质量。但是无法对智能对象直接进行内容的编辑（如删除局部、用"画笔工具"在图像上绘制等）。如果用户想要对智能对象的内容进行编辑，就需要在对象上（或其对应的图层上）右击，在弹出的快捷菜单中选择"栅格化图层"命令，如图1-48和图1-49所示，将智能对象转换为普通对象后再进行编辑。

图 1-48

图 1-49

1.3.4　导入文件

在Photoshop中，新建或打开图像文件后，用户可以通过执行"文件"|"导入"子菜单中的各种命令，将对象导入文档中，并对其进行编辑，如图1-50所示。

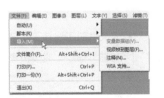

图 1-50

某些数码相机使用WIA支持（Windows图像采集）来导入图像，将数码相机连接到计算机，然后执行"文件"|"导入"|"WIA支持"命令，可以将照片导入Photoshop中。

如果计算机配有扫描仪并安装了相关的软件，则可在"导入"子菜单中选择扫描仪的名称，使用扫描仪制造商的软件扫描图像，并将其存储为TIFF、PICT、BMP格式，然后在Photoshop中打开。

1.3.5 导出文件

在Photoshop中创建和编辑的图像可以导出到Illustrator或视频设备中，以满足不同的使用需求。"文件"|"导出"子菜单中包含了可以导出文件的各种命令，如图1-51所示。

图 1-51

◆ Zoomify：执行"文件"|"导出"|"Zoomify"命令，可以将高分辨率的图像发布到Web上。利用Viewpoint Media Player，用户可以平移或缩放图像以查看它的不同部分。在导出时，Photoshop会创建JPEG或HTML文件，用户可以将这些文件上传到Web服务器。

◆ 路径到Illustrator：如果在Photoshop中创建了路径，可以执行"文件"|"导出"|"路径到Illustrator"命令，将路径导出为AI格式，导出的路径可以继续在Illustrator中编辑使用。

1.3.6 存储文件

在对文档进行编辑后，及时存储文件对于设计工作来说是很有必要的。执行"文件"|"存储"命令，或按快捷键Ctrl+S，可对当前文档进行保存。

如果是第一次对文档进行存储，则此时会打开"另存为"对话框，如图1-52所示。如果文档存储时未打开对话框，则文档会存储在原始位置，存储时将保留所做的更改，并且会替换上一次保存的文件。

图 1-52

◆ 文件名：用来设置保存的文件名称。

◆ 保存类型：展开下拉列表框，可以选择不同的文件保存类型。

◆ 作为副本：勾选该复选框，可以另外保存一个副本文件。

◆ 注释/Alpha通道/专色/图层：可以选择是否存储注释、Alpha通道、专色和图层。

◆ 使用校样设置：将文件的保存格式设置为EPS或PDF时，该选项才可用。勾选该复选框后可以保存打印用的校样设置。

◆ ICC配置文件：可以保存嵌入在文档中的ICC配置文件。

◆ 缩览图：为图像创建并显示缩览图。

如果用户要对已经存储过的文档进行存储路径更改，或是名称和格式的修改，可以执行"文件"|"存储为"命令或按快捷键Shift+Ctrl+S，在打开的"另存为"对话框中对存储位置、文件名和保存类型进行修改，修改完成后单击"保存"按钮。

1.3.7 关闭文件

图像的编辑操作完成后，可采用以下方法关闭文件。

◆ 关闭文件：执行"文件"|"关闭"命令（快捷键Ctrl+W）或单击文档窗口的 ✕ 按钮，可以关闭当前图像文件。如果对图像进行了修改，会打开提示对话框，

如图1-53所示。如果当前图像是一个新建的文件，单击"是"按钮，可以在打开的"存储为"对话框中将文件保存；单击"否"按钮，可关闭文件，但不保存对文件做出的修改；单击"取消"按钮，则关闭对话框，并取消关闭操作。如果当前文件是已有文件，单击"是"按钮可保存对文件做出的修改。

图 1-53

◆ 关闭全部文件：执行"文件"|"关闭全部"命令，可以关闭在Photoshop中打开的所有文件。

◆ 关闭文件并转到Bridge：执行"文件"|"关闭并转到Bridge"命令，可以关闭当前文件，然后打开Bridge。

◆ 退出程序：执行"文件"|"退出"命令，或单击程序窗口右上角的 × 按钮，可退出Photoshop。如果没有保存文件，将打开提示对话框，询问用户是否保存文件。

1.4 本章小结

通过本章内容的学习，相信各位读者对Photoshop的相关知识已经有了一个初步的认识。熟练掌握这些基础知识，便可以在之后的图像处理工作中避免一些不必要的错误操作，从而有效地提升工作效率。

1.5 课后习题

1.5.1 课后习题：创建透明背景文档

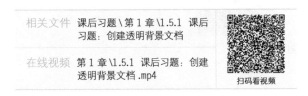

| 相关文件 | 课后习题 \ 第 1 章 \1.5.1 课后习题：创建透明背景文档 |
| 在线视频 | 第 1 章 \1.5.1 课后习题：创建透明背景文档 .mp4 |

扫码看视频

本习题主要练习在Photoshop CC 2019中创建一个透明背景的文档，操作步骤如下。

Step 01 启动Photoshop CC 2019软件，执行"文件"|"新建"命令，或按快捷键Ctrl+N，打开"新建"对话框，如图1-54所示。

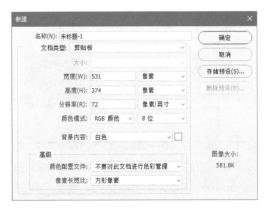

图 1-54

Step 02 在"新建"对话框中设置"名称"为"创建透明背景"，设置"宽度"为800像素，设置"高度"为600像素，展开"背景内容"下拉列表框，选择"透明"选项，如图1-55所示。

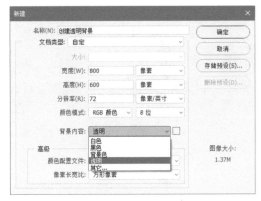

图 1-55

Step 03 完成参数的设置后，单击"确定"按钮，即可在Photoshop中创建一个透明背景文档，如图1-56所示。

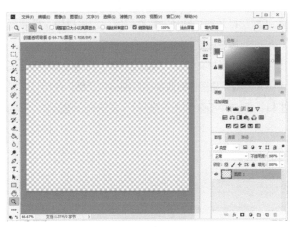

图 1-56

1.5.2 课后习题：置入AI格式文件

相关文件	课后习题\第 1 章\1.5.2 课后习题：置入 AI 格式文件
在线视频	第 1 章\1.5.2 课后习题：置入 AI 格式文件 .mp4

扫码看视频

本习题主要练习在文档中置入AI格式的素材文件。AI是Adobe Illustrator的矢量文件格式，将Illustrator文件置入Photoshop中时，可以保留对象的图层、蒙版、透明度等属性。操作步骤如下。

Step 01 启动Photoshop CC 2019软件，执行"文件"|"打开"命令，或按快捷键Ctrl+O，打开素材文件"置入AI格式文件.psd"，效果如图1-57所示。

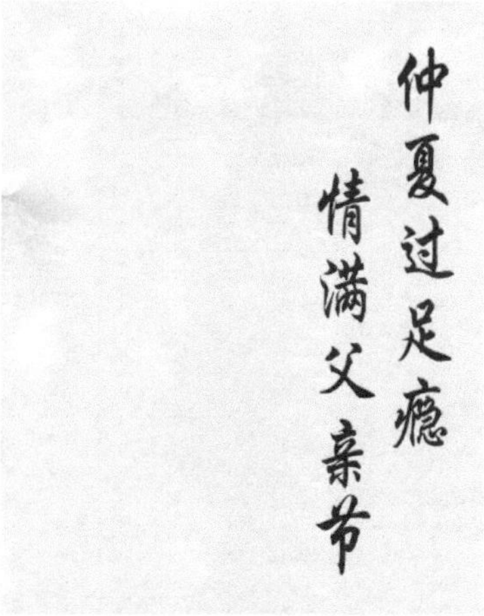

图 1-57

Step 02 执行"文件"|"置入嵌入对象"命令，打开"置入嵌入的对象"对话框，选择素材文件"卡通父子.ai"，如图1-58所示，单击"置入"按钮。

Step 03 在打开的"打开为智能对象"对话框中，参照图1-59进行属性设置，完成后单击"确定"按钮。

Step 04 置入素材文件后，拖动定界框，将图像调整到合适大小和位置，将图像对应的图层栅格化，然后使用"魔棒工具"选中图像中白色的部分，按Delete键删除，得到

的最终图像效果如图1-60所示。

图 1-58

图 1-59

图 1-60

第02章

第 章

常用基本工具

在正式学习Photoshop之前，本章将分类选取一些常用的Photoshop工具进行讲解。希望读者能结合实战与视频讲解，认真学习并巩固每一个工具的具体使用方法，为之后完成更加复杂的案例打下坚实的基础。

2.1 选区工具

"选区"可以理解为一个限定处理范围的虚线框，当画面中包含选区时，选区边缘显示为闪烁的黑白相间的虚线框，图2-1所示的蓝色背景区域即为选区。此时，对图像进行操作只会对选区以内的部分起作用，如图2-2所示。

图2-1

图2-2

在进行照片修饰或是平面设计制图工作时，经常会遇到需要对某一特定范围进行处理的情况。此时可以创建选区，然后对选区进行操作。Photoshop提供了众多选区制作工具，这些工具可以绘制长方形选区、正方形选区、椭圆选区、正圆选区等任意形状的选区。

2.1.1 选框工具

在Photoshop工具箱中，右击 ▣ 按钮，在弹出的工具组列表中可以看到"矩形选框工具" ▣、"椭圆选框工具" ○、"单行选框工具" ⋯ 和"单列选框工具" ▮ 这4个选框工具。

选择任意一个选框工具后，在图像窗口相应位置进行拖动，即可创建出对应的选区，如图2-3所示。

圆形选区　　　　　　　矩形选区

图2-3

❓ 答疑解惑：怎么画出正方形或圆形的选区？

在"矩形选框工具" ▣ 或"椭圆选框工具" ○ 选取状态下，按住Shift键并在图像上拖动绘制即可。

❓ 答疑解惑：如何取消选区？

按快捷键Ctrl+D可以快速取消选区。

2.1.2 套索工具/多边形套索工具

"套索工具" ♢ 用于徒手绘制不规则形状的选区。"套索工具"能够创建出任意形状的选区，其使用方法与"画笔工具" ✎ 相似，需要徒手绘制，如图2-4所示。

"多边形套索工具" ➢ 常用来创建不规则的多边形选区，如三角形、四边形、梯形和五角星形等。需要注意的是，"多边形套索工具" ➢ 需要起始点与结束点在同一个位置才能闭合选区，如图2-5所示。

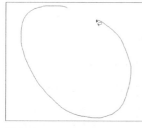

图 2-4

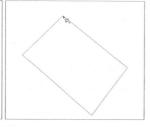

图 2-5

实战：更换窗外风景

相关文件	实战 \ 第 2 章 \2.1.2 实战：更换窗外风景
在线视频	第 2 章 \2.1.2 实战：更换窗外风景 .mp4
技术看点	多边形套索工具、创建选区

扫码看视频

Step 01 启动 Photoshop CC 2019 软件，执行"文件"|"打开"命令，或按快捷键 Ctrl+O，打开素材文件"窗户.jpg"，效果如图 2-6 所示。

图 2-6

Step 02 在工具箱中选择"多边形套索工具" ，在工具选项栏中单击"添加到选区"按钮 ，在左侧窗口内的一个边角上单击，然后沿着它边缘的转折处继续单击，自定义选区范围。将鼠标指针移到起点处，待鼠标指针变为 状，再次单击即可封闭选区，如图 2-7 所示。

图 2-7

答疑解惑：有什么绘制选区的技巧吗？

创建选区时，按住 Shift 键操作，可以锁定水平、垂直或以 45° 角为增量进行绘制。如果双击，则会在双击点与起点间产生一条直线来闭合选区。

Step 03 同样的方法，继续使用"多边形套索工具" 将中间窗口和两侧窗口内的图像选中，如图 2-8 所示。

图 2-8

Step 04 双击"图层"面板中的"背景"图层，将其转化成可编辑图层，然后按 Delete 键，即可将选区内的图像删除，得到窗框，如图 2-9 所示。

图 2-9

Step 05 执行"文件"|"置入嵌入对象"命令，将素材文件"夜色.jpg"素材置入文档，如图 2-10 所示。

图 2-10

Step 06 调整图像至合适大小，并放置在"窗户"图层下方，得到的最终效果如图2-11所示。

图2-11

2.1.3 魔棒工具

"魔棒工具" 可用于获取与取样点颜色相似部分的选区。它的使用方法非常简单，只需在图像上单击，就会选择与单击点色调相似的所有像素。当背景颜色变化不大，需要选取的对象轮廓清楚、与背景色之间有一定的差异时，使用"魔棒工具" 可以快速选择对象。

实战：用魔棒工具选取对象	
相关文件	实战\第2章\ 2.1.3 实战：用魔棒工具选取对象
在线视频	第 2 章\2.1.3 实战：用魔棒工具选取对象 .mp4
技术看点	魔棒工具、创建选 区

扫码看视频

Step 01 启动Photoshop CC 2019软件，执行"文件"|"打开"命令，或按快捷键Ctrl+O，打开素材文件"汉堡.jpg"，效果如图2-12所示。

图2-12

Step 02 在"图层"面板中双击"背景"图层，将其转换为

可编辑图层，如图2-13所示。

图2-13

Step 03 在工具箱中选择"魔棒工具" ，在工具选项栏中设置"容差"值为10，然后在白色背景处单击，将背景创建为选区，如图2-14所示。

图2-14

Step 04 按Delete键可删除选区内像素，如图2-15所示，然后按快捷键Ctrl+D取消选区。

图2-15

Step 05 按快捷键Ctrl+O，打开素材文件"背景.jpg"，效果如图2-16所示。

Step 06 在Photoshop CC 2019中，将"汉堡"文档中的素材拖入"背景"文档，并调整汉堡素材的大小及位置，完成效果如图2-17所示。

图2-16   图2-17

2.2 绘图工具

绘图工具是Photoshop中十分重要的一类工具，主要包括"画笔工具""铅笔工具""渐变工具""油漆桶工具"等，它们都具备强大的绘图功能。使用这些绘图工具，同时配合"画笔"面板、混合模式、图层等Photoshop 其他功能，可以模拟出各式各样的笔触，从而绘制出丰富多彩的图像效果。

2.2.1 画笔工具

"画笔工具"✐是以前景色作为"颜料"在画面中进行绘制的。它的绘制方法很简单，在画面中单击可绘制出一个圆点（默认"画笔工具"笔尖为圆形），如图2-18所示；在画面中按住鼠标左键并拖动，可绘制出线条，如图2-19所示。

图2-18   图2-19

执行"窗口"|"画笔"命令或按快捷键F5，或单击"画笔工具"选项栏中的✎按钮，可以打开"画笔设置"面板，如图2-20所示。

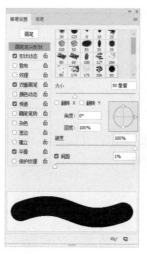

图2-20

在保持"画笔工具"✐选取状态下，在画布空白处右击，将弹出图2-21所示的"画笔预设"选取器，在其中可以选择画笔样本，设置画笔的大小和硬度，如图2-22所示。

图2-21   图2-22

2.2.2 颜色替换工具

"颜色替换工具"✎能够以涂抹的形式更改画面中的部分颜色，但该工具不能用于位图、索引或多通道颜色模式下的图像的颜色更改。

更改颜色之前首先需要设置合适的前景色。在不考虑选项栏中其他参数的情况下，按住鼠标左键拖动进行涂抹，可以看到鼠标指针经过的位置颜色发生了变化，涂抹前后对比效果如图2-23所示。

图2-23

图 2-23（续）

2.2.3 铅笔工具

"铅笔工具" ![铅笔] 的使用方法与"画笔工具" ![画笔] 非常相似，都是在工具选项栏中单击左侧下拉按钮打开"画笔预设"选取器，接着选择一个笔尖样式并设置画笔大小（对于"铅笔工具"，硬度为0或者100%都是一样的效果），然后可以在选项栏中设置模式和不透明度，最后在画面中按住鼠标左键进行拖动绘制即可。

无论使用哪种笔尖，绘制出的线条边缘都非常硬，很有风格，因此"铅笔工具"常用于制作像素化图像、像素风格图标等。

实战：绘制像素图形		
相关文件	实战\第 2 章\ 2.2.3 实战：绘制像素图形	
在线视频	第 2 章\2.2.3 实战：绘制像素图形.mp4	
技术看点	铅笔工具、像素绘制、放大镜工具	扫码看视频

Step 01　启动Photoshop CC 2019软件，执行"文件"|"新建"命令，新建一个高为20像素、宽为20像素、分辨率为72像素/英寸的空白文档。

Step 02　将背景图层暂时隐藏。按住Alt键的同时滚动鼠标滚轮（或使用"放大镜工具" ![放大镜] ）将画布放大。放大后可以看到画布上的像素网格，这里将以画布上的像素网格为参考进行绘制，如图2-24所示。

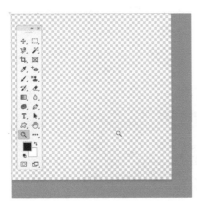

图 2-24

Step 03　将前景色设置为粉色（R:255,G:213,B:206），同时新建一个图层。在工具箱中选择"铅笔工具" ![铅笔] ，在"画笔预设"面板中设置"大小"为1像素，设置"硬度"为100%，然后在画布中按住Shift键并拖动绘制一段直线，效果如图2-25所示。

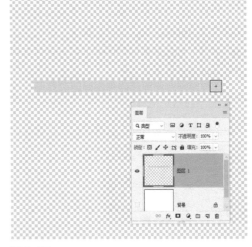

图 2-25

Step 04　继续进行绘制。在绘制时要考虑所绘制图形的位置，此时绘制出的内容均为一个一个的小方块，如图2-26所示。

Step 05　以同样的方法，在绘制出的图形周围绘制边框，并恢复背景图层的显示，最终效果如图2-27所示。

图 2-26　　　　　　　　图 2-27

2.2.4 仿制图章工具

"仿制图章工具" ![图章] 可以将图像的一部分通过涂抹的方式"复制"到图像的另一个位置上。"仿制图章工具" ![图章] 常用于去除图片水印、消除人物面部的斑点和皱纹、去除背景中不相干的杂物、填补图片空缺等。

> **答疑解惑：在使用"仿制图章工具" ![图章] 时出现图像重叠的情况怎么办？**
>
> 在使用"仿制图章工具" ![图章] 时，经常会绘制出重叠的效果。出现这种情况可能是由于取样的位置太接近需要修补的区域，此时可以重新取样并进行覆盖操作。

 实战：消除画面中的人物

相关文件	实战\第2章\2.2.4 实战：消除画面中的人物
在线视频	第2章\2.2.4 实战：消除画面中的人物.mp4
技术看点	仿制图章工具、取样操作、涂抹消除

扫码看视频

Step 01 启动Photoshop CC 2019软件，执行"文件"|"打开"命令，或按快捷键Ctrl+O，打开素材文件"风景.jpg"，效果如图2-28所示。

图2-28

Step 02 按快捷键Ctrl+J复制一个图层。选择工具箱中的"仿制图章工具" 🗿，然后在工具选项栏中设置柔边圆笔触，如图2-29所示。

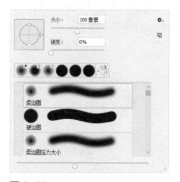

图2-29

Step 03 将鼠标指针移动至取样处，按住Alt键并单击即可进行取样，如图2-30所示。

图2-30

Step 04 释放Alt键，此时涂抹笔触内将出现取样图案，如

图2-31所示。

图2-31

❓ 答疑解惑：涂抹操作如何进行？

取样后涂抹时，会出现一个十字鼠标指针和一个圆圈。操作时，十字鼠标指针和圆圈的距离保持不变。圆圈内区域即表示正在涂抹的区域，十字鼠标指针表示此时涂抹区域正从十字鼠标指针所在处进行取样。

Step 05 按住鼠标左键并进行拖动鼠标，在需要仿制图章的地方涂抹，即可去除图像，如图2-32所示。

图2-32

Step 06 仔细观察图像寻找合适的取样点，用同样的方法将整个人物覆盖，注意随时调节画笔大小以适合取样范围，最终完成效果如图2-33所示。

图2-33

2.2.5 图案图章工具

右击仿制工具组，在工具列表中选择"图案图章工具"，该工具可以使用图案进行绘画。在工具选项栏中设置合适的画笔大小，并选择一个合适的图案，如图2-34所示。在画面中按住鼠标左键进行涂抹，即可看到绘制效果，如图2-35所示。

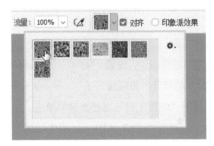

图 2-34

图 2-35

> **❓❓ 答疑解惑：除了预设库中的图案，可以使用自定义图案吗？**
>
> 可以。在Photoshop中，用户可以绘制或选取自己想要的图案。执行"编辑"|"定义图案"命令，将图案命名并保存，即可存储到图案预设库中进行调用。

2.2.6 橡皮擦工具

Photoshop中有3种可供擦除的工具，分别是"橡皮擦工具"、"魔术橡皮擦工具"和"背景橡皮擦工具"。

"橡皮擦工具"作为最基础也最常用的擦除工具，只需要直接在画面中按住鼠标左键并拖动即可擦除对象。而"背景橡皮擦工具"与"魔术橡皮擦工具"则是基于画面中颜色的差异，擦除特定区域范围内的图像，主要用来抠图，适合边缘清晰的图像抠图。

实战：使用橡皮擦工具抠图	
相关文件	实战 \ 第 2 章 \ 2.2.6 实战：使用橡皮擦工具抠图
在线视频	第 2 章 \2.2.6 实战：使用橡皮擦工具抠图 .mp4
技术看点	橡皮擦工具、素材的置入、图层栅格化

扫码看视频

Step 01 启动Photoshop CC 2019软件，执行"文件"|"新建"命令，新建一个高为3000像素、宽为2000像素、分辨率为300像素/英寸的空白文档，创建完成后，为文档填充渐变色，效果如图2-36所示。

Step 02 执行"文件"|"置入嵌入对象"命令，将素材文件"橙子.jpg"置入文档，调整到合适大小及位置后，按Enter键确认。右击"橙子"图层，在弹出的快捷菜单中选择"栅格化图层"命令，效果如图2-37所示。

图 2-36　　　　　　　　　图 2-37

Step 03 在工具箱中选择"魔术橡皮擦工具"，然后在工具选项栏中将"容差"设置为20，将"不透明度"设置为100%，如图2-38所示。

图 2-38

Step 04 在白色背景处单击，即可删除多余背景，如图2-39所示。

Step 05 按快捷键Ctrl+J复制"橙子"图层，选择工具箱中的"移动工具"，按住Shift键，将其水平拖动到合适位置，效果如图2-40所示。

图 2-39　　　　　　　　图 2-40

Step 06 用同样的方法，将素材文件"香蕉.jpg"置入文档，并调整到合适大小及位置，最终效果如图2-41所示。

图 2-41

2.2.7 渐变工具

渐变是由多种颜色过渡而产生的一种效果。渐变是设计制图中常用的一种填充方式，不仅能够创建出缤纷多彩的颜色，使画面更加丰富，还能制作出各种带有立体感的画面效果，如图2-42和图2-43所示。Photoshop中的"渐变工具" ■可以在整个文档或选区内填充渐变色，并且可以创建多种颜色的混合效果。

图 2-42　　　　　　　图 2-43

2.2.8 油漆桶工具

"油漆桶工具" ◇可以用于填充前景色或图案。如果创建了选区，填充的区域为当前选区；如果没有创建选区，填充的就是与单击处颜色相近的区域。

2.2.9 吸管工具

"吸管工具" ✐可以吸取图像的颜色作为前景色或背景色。使用"吸管工具" ✐一次只能够吸取一种颜色。在工具箱中单击"吸管工具" ✐按钮，然后在工具选项栏中设置"取样大小"为"取样点"，设置"样本"为"所有图层"，并勾选"显示取样环"复选框。

完成设置后，使用"吸管工具" ✐在图像中单击，此时拾取的颜色将作为前景色，如图2-44所示。按住Alt键并单击图像中的某一颜色区域，此时拾取的颜色将作为背景色，如图2-45所示。

图 2-44

图 2-45

2.3 修复工具

在日常生活中，我们拍摄的照片因为自然条件或人为因素，难免会存在一些瑕疵。使用Photoshop的修复工具可以轻松地对带有缺陷的照片进行修复，同时还可以基于设计需求将普通的图像处理为特定的艺术效果。

2.3.1 污点修复画笔工具

使用"污点修复画笔工具" 可以消除图像中的小面积瑕疵，或者去除画面中看起来比较"特殊"的对象。例如，去除人物面部的斑点、皱纹、凌乱的发丝，或者去除画面中细小的杂物等。使用"污点修复画笔工具" 不需要设置取样点，因为它可以自动从所修饰区域的周围进行取样。

实战：去除小狗身上的斑点		
相关文件	实战\第 2 章\ 2.3.1 实战：去除小狗身上的斑点	扫码看视频
在线视频	第 2 章\2.3.1 实战：去除小狗身上的斑点 .mp4	
技术看点	污点修复画笔工具	

Step 01 启动Photoshop CC 2019软件，执行"文件"|"打开"命令，或按快捷键Ctrl+O，打开素材文件"斑点狗.jpg"，效果如图2-46所示。

图 2-46

Step 02 按快捷键Ctrl+J复制一个图层，然后选择工具箱中的"污点修复画笔工具" ，并在工具选项栏中设置柔边圆笔触，如图2-47所示。

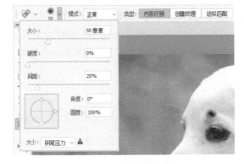

图 2-47

"污点修复画笔工具"选项栏部分属性说明如下。
◆ 内容识别：根据单击处周围综合性的细节信息，创建一个填充区域来修复瑕疵。

◆ 创建纹理：根据单击处内部的像素及颜色，生成一种纹理效果来修复瑕疵。
◆ 近似匹配：根据单击处边缘的像素及颜色来修复瑕疵。

Step 03 将鼠标指针移动至斑点位置，按住鼠标左键拖动进行涂抹，如图2-48所示。

图 2-48

Step 04 释放鼠标，即可看到斑点被清除，如图2-49所示。

图 2-49

Step 05 用同样的方法清除图像中的其他斑点，最终效果如图2-50所示。

图 2-50

2.3.2 修复画笔工具

"修复画笔工具" 可以利用图像中的像素作为样

本进行绘制,以修复画面中的瑕疵。在修复工具组中右击,在弹出的工具组列表中选择"修复画笔工具" ✐,在工具选项栏中设置合适的笔尖大小,并设置"源"为"取样",在没有瑕疵的位置按住Alt键单击取样,如图2-51所示。取样完成后,在缺陷位置按住鼠标左键拖动进行涂抹,释放鼠标,画面中多余的内容将被去除,效果如图2-52所示。

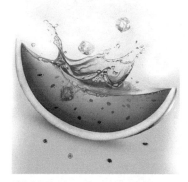

图 2-51

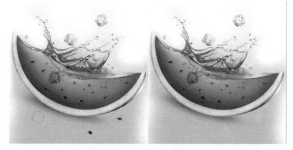

图 2-52

位置后释放鼠标,稍等片刻就可以看到修补后的效果,如图2-54所示。

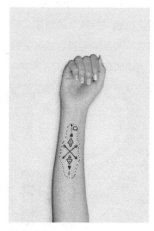

图 2-53

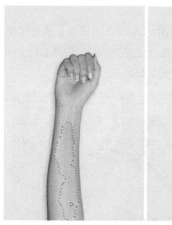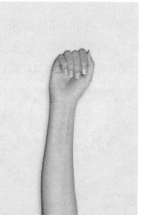

图 2-54

❓ 答疑解惑: "修复画笔工具" ✐选项栏中的"模式"和"源"选项的含义是什么?

在"正常"模式下,取样点内像素将与替换涂抹处的像素进行混合识别后进行修复;而在"替换"模式下,取样点内像素将直接替换涂抹处的像素。此外,"源"选项可选择"取样"或"图案"。"取样"指直接从图像上进行取样,"图案"指选择▦下拉列表框中的图案来进行取样。

2.3.3 修补工具

"修补工具" ⬚可以利用画面中的部分内容作为样本,修复所选图像区域中不理想的部分,通常用来去除画面中的部分内容。

在修复工具组上右击,在工具列表中选择"修补工具" ⬚。在工具选项栏中选择"源"选项,其他参数保持默认值。将鼠标指针移动至缺陷的位置,按住鼠标左键沿着缺陷边缘进行绘制,如图2-53所示。将选区拖动到目标

❓ 答疑解惑: "修补工具" ⬚选项栏中的"修补"模式有何作用?

"修补工具" ⬚选项栏中的"修补"模式包括"正常"模式和"内容识别"模式。在"正常"模式下选择"源"时,是用后选择的区域覆盖先选择的区域;选择"目标"时与选择"源"的相反,是用先选择的区域覆盖后选择的区域。勾选"透明"复选框后,修复后的图像将与原选区的图像进行叠加。而在"内容识别"模式下,会自动对修补选区周围的像素和颜色进行识别融合,并能选择适合强度来对选区进行修补。

2.3.4 内容感知移动工具

使用"内容感知移动工具" ✕移动选区中的对象,被移动的对象将会自动与四周的景物融合,而对原始区域则会进行智能填充。在需要改变画面中某一对象的位置时,可以尝试使用该工具。

扫码看视频

Step 01 启动Photoshop CC 2019软件，执行"文件"|"打开"命令，或按快捷键Ctrl+O，打开素材文件"小孩.jpg"，效果如图2-55所示。

图 2-55

Step 02 按快捷键Ctrl+J复制一个图层，然后选择工具箱中的"内容感知移动工具" ✕ ，并在工具选项栏中设置"模式"为"移动"，如图2-56所示。

图 2-56

Step 03 在画面上按住鼠标左键并拖动鼠标，将小孩和影子选出，如图2-57所示。

图 2-57

Step 04 将鼠标指针放在选区内，往右拖动，按Enter键，即可将选区移动到新的位置，并自动对新位置和原位置的图像进行融合补充，如图2-58所示。

图 2-58

Step 05 在工具选项栏中，将"模式"设置为"扩展"，然后将鼠标指针放在选区内，往左拖动，即可复制选区并将其移动到新位置，同时自动对新位置的图像进行融合补充，如图2-59所示。按快捷键Ctrl+D取消选区。

图 2-59

Step 06 使用"仿制图章工具" ⚑ 对复制后的图像进行处理，效果将更加完美，如图2-60所示。

图 2-60

2.3.5 红眼工具

在较暗环境下拍摄人物或动物时，瞳孔会放大让更多的光线通过，此时若闪光灯照射到眼睛，瞳孔将出现泛红的现象。

打开带有"红眼"问题的图片，在修复工具组上右击，在工具列表中选择"红眼工具" ⁺◉ ，接着将鼠标指针移动至眼睛上方并单击，即可消除"红眼"。

扫码看视频

Step 01 启动Photoshop CC 2019软件，执行"文件"|"打开"命令，或按快捷键Ctrl+O，打开素材文件"模特.jpg"，效果如图2-61所示。

Step 02 选择工具箱中的"红眼工具" ⁺◉ ，并在工具选项栏中设置"瞳孔大小"为50%，设置"变暗量"为50%，如图2-62所示。

图 2-61

图 2-62

答疑解惑："红眼工具" 选项栏中各属性如何设置？

"瞳孔大小"和"变暗量"可根据实际图像情况来设置。"瞳孔大小"用来设置瞳孔的大小，百分比越大，瞳孔越大；"变暗量"用来设置瞳孔的暗度，百分比越大，变暗效果越明显。

Step 03 设置完成后，将鼠标指针停放在眼球上方并单击，即可去除红眼，如图2-63所示。

Step 04 除了上述方法，也可以在选择"红眼工具" 后，在红眼处拖出一个虚线框，同样可以去除框内红眼，如图2-64所示。

图 2-63

图 2-64

2.3.6 模糊工具

"模糊工具" 可以轻松对画面局部进行模糊处理。在选择"模糊工具" 后，可在工具选项栏中设置该工具的"模式"和"强度"。

"模式"包括"正常""变暗""变亮""色相""饱和度""颜色""明度"。如果仅需要使画面局部模糊一些，那么选择"正常"即可。工具选项栏中的"强度"选项可用来设置"模糊工具" 的模糊强度。

2.3.7 锐化工具

"锐化工具" 可以通过增强图像中相邻像素之间的颜色对比来提高图像的清晰度。"锐化工具" 与"模糊工具" 的大部分选项相同，操作方法也相同。

右击工具组按钮，在工具列表中选择"锐化工具" 。在工具选项栏中设置"模式"与"强度"。勾选"保护细节"复选框后，在进行锐化处理时，将对图像的细节进行保护。接着在画面中按住鼠标左键进行涂抹锐化，涂抹的次数越多，锐化效果越强烈，但如果锐化过度，画面中会产生噪点和晕影。

实战：锐化花瓣

相关文件	实战＼第 2 章＼2.3.7 实战：锐化花瓣	
在线视频	第 2 章＼2.3.7 实战：锐化花瓣 .mp4	扫码看视频
技术看点	锐化工具	

Step 01 启动Photoshop CC 2019软件，执行"文件"|"打开"命令，或按快捷键Ctrl+O，打开素材文件"花.jpg"，效果如图2-65所示，可以看到主体的花卉是比较模糊的。

图 2-65

Step 02 在工具箱中选择"锐化工具" ，在工具选项栏设置合适的笔触大小，并设置"模式"为正常，设置"强度"为50%，然后对花朵模糊部位进行反复涂抹，将其逐步锐化，效果如图2-66所示。

图 2-66

2.3.8 涂抹工具

"涂抹工具" 可以模拟手指划过湿油漆时所产生的效果。在选择"涂抹工具" 后，在工具选项栏中设置合适的"模式"和"强度"，接着在需要变形的位置按住鼠标左键进行涂抹，鼠标指针经过的位置，图像将发生形变。若在工具选项栏中勾选"手指绘画"复选框，可以使用前景色进行涂抹绘制。

实战：为小熊添加毛发效果

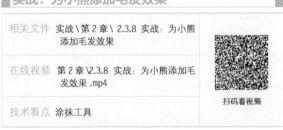

相关文件	实战 \ 第 2 章 \ 2.3.8 实战：为小熊添加毛发效果
在线视频	第 2 章 \2.3.8 实战：为小熊添加毛发效果 .mp4
技术看点	涂抹工具

扫码看视频

Step 01 启动Photoshop CC 2019软件，执行"文件"|"打开"命令，或按快捷键Ctrl+O，打开素材文件"背景.jpg"，效果如图2-67所示。

Step 02 执行"文件"|"置入嵌入对象"命令，将素材文件"小熊.png"置入文档，并调整到合适的位置及大小，如图2-68所示。

Step 03 在"图层"面板中，选择"小熊"图层右击，在弹出的快捷菜单中选择"栅格化图层"命令，将该图层栅格化，如图2-69所示。

Step 04 在工具箱中选择"涂抹工具" ，在工具选项栏中选择柔边笔刷，并设置笔触"大小"为6像素，设置"强度"为50%，取消勾选"对所有图层取样"复选框，然后

在小熊的边缘处进行涂抹，效果如图2-70所示。

图 2-67　　　　　　　图 2-68

图 2-69　　　　　　　图 2-70

Step 05 耐心涂抹完图像边缘，使小熊产生毛茸茸的效果，最终完成后的效果如图2-71所示。

图 2-71

?? 答疑解惑："涂抹工具" 适用于扭曲大面积图像吗？

"涂抹工具" 适合扭曲小范围的区域，主要针对细节处的调整，处理速度较慢。若需要处理大面积的图像，结合滤镜使用，效果更明显。

2.3.9 加深/减淡工具

"加深工具" ⚫ 可以对图像进行加深处理，而"减淡工具" 🔍 可以对图像"亮部""中间调""阴影"分别进行减淡处理。

实战：调整画面颜色

相关文件	实战\第2章\2.3.9 实战：调整画面颜色	
在线视频	第2章\2.3.9 实战：调整画面颜色.mp4	
		扫码看视频
技术看点	加深工具	

Step 01 启动Photoshop CC 2019软件，执行"文件"|"打开"命令，或按快捷键Ctrl+O，打开素材文件"门.jpg"，效果如图2-72所示。

Step 02 按快捷键Ctrl+J复制一个图层，并将图层重命名为"阴影"。选择"加深工具" ⚫，在工具选项栏中设置合适的笔触大小，将"范围"设置为"阴影"，并将"曝光度"设置为50%，然后在画面中反复涂抹，涂抹后阴影加深，效果如图2-73所示。

图 2-72

图 2-73

Step 03 将"背景"图层复制一层，并将新图层重命名为"中间调"，置于顶层。在工具选项栏中设置合适的笔触大小，设置"范围"为"中间调"，然后在画面中反复涂抹。涂抹后中间调曝光度降低，效果如图2-74所示。

Step 04 将"背景"图层复制一层，并将新图层重命名为"高光"，置于顶层。在工具选项栏中设置合适的笔触大小，设置"范围"为"高光"，然后在画面中反复涂抹。涂抹后高光曝光度降低，效果如图2-75所示。

图 2-74   图 2-75

2.3.10 海绵工具

"海绵工具" 🔵 可以提高或降低彩色图像中布局内容的饱和度。如果是灰度图像，使用该工具则可以用于增强或减弱图像的对比度。

在选择"海绵工具" 🔵 后，在工具选项栏中展开"模式"下拉列表框，可选择"加色"或"去色"模式，当要降低图像饱和度时选择"去色"，当需要提高图像饱和度时选择"加色"。调整"流量"参数时，流量数值越大，加色或者去色效果越明显。选择相应模式，在画面中按住鼠标左键进行涂抹，被涂抹的位置图像饱和度就会增强或减弱。

单击"喷枪" 🖊 后启用画笔喷枪功能。

勾选"自然饱和度"该复选框后，可避免图像因饱和度过高而出现溢色。

实战：提高与降低图像的饱和度

相关文件	实战\第2章\2.3.10 实战：增加与降低图像的饱和度	
在线视频	第2章\2.3.10 实战：增加与降低图像的饱和度.mp4	
		扫码看视频
技术看点	海绵工具	

Step 01 启动Photoshop CC 2019软件，执行"文件"|"打开"命令，或按快捷键Ctrl+O，打开素材文件"山.jpg"，效果如图2-76所示。

Step 02 按快捷键Ctrl+J复制一个图层，并将图层重命名为"去色"。选择"海绵工具" 🔵，在工具选项栏中设置合适的笔触大小，将"模式"设置为去色，并将"流量"设置为50%，如图2-77所示。

图2-76

图2-77

Step 03 完成上述设置后，按住鼠标左键在画面中反复涂抹，即可降低图像饱和度，如图2-78所示。

图2-78

Step 04 将"背景"图层复制一层，并将新图层重命名为"加色"，置于顶层。在工具选项栏中设置合适的笔触大小，将"模式"设置为"加色"，然后在画面中反复涂抹，即可增加图像饱和度，如图2-79所示。

图2-79

2.4 图形工具

　　图形工具包括形状工具和钢笔工具，可以用来绘制一些特定的形状，如矩形、多边形和线状图形等。此外，我们还可以使用图形工具绘制路径。

2.4.1 形状工具

　　形状实际上就是由路径轮廓围成的矢量图形。使用Photoshop提供的"矩形工具" □、"圆角矩形工具" ◻、"椭圆工具" ○、"多边形工具" ◎和"直线工具" ╱，可以创建规则的几何形状，使用"自定形状工具" ✿可以创建不规则的复杂形状。

实战：绘制几何图形小插画		
相关文件	实战 \ 第 2 章 \ 2.4.1 实战：绘制几何图形小插画	
在线视频	第 2 章 \2.4.1 实战：绘制几何图形小插画 .mp4	扫码看视频
技术看点	自定形状工具、图形的绘制与填充	

Step 01 启动Photoshop CC 2019软件，执行"文件"|"打开"命令，或按快捷键Ctrl+O，打开素材文件"童趣.jpg"，效果如图2-80所示。

图2-80

Step 02 在工具箱中选择"自定形状工具" ✿，然后单击工具选项栏中的形状按钮，在弹出的面板中单击右上角的 ✿按钮，展开子菜单，在其中选择"全部"命令，打开提示框，单击"确定"按钮，载入全部形状。

Step 03 在形状列表中选择"皇冠1" ♛形状，设置"工具模式"为形状，然后在头部上方通过拖动鼠标绘制一个填充色为黄色，且无描边的皇冠形状，如图2-81所示。

图2-81

Step 04 找到"树"形状，在画面中绘制深绿色（R:0,G:86,B:31）的树，如图2-82所示。

图 2-82

Step 05 找到"草2"和"草3"形状，分别在画面中绘制深绿色（R:0,G:153,B:68）和浅绿色（R:82,G:234,B:125）的小草，如图2-83所示。

图 2-83

Step 06 找到"花7"形状，在画面中绘制不同颜色的花朵，使画面色彩更为丰富，如图2-84所示。

图 2-84

Step 07 用上述同样的方法，继续在画面中添加其他图形元素，最终如图2-85所示。

图 2-85

2.4.2 钢笔工具

"钢笔工具"是Photoshop中最为强大的绘图工具，掌握钢笔工具的使用方法是创建路径的基础。"钢笔工具"主要有两种用途：一是绘制矢量图形，二是选取对象。在作为选取工具使用时，"钢笔工具"描绘的轮廓光滑、准确，将路径转换为选区就可以准确地选择对象。

实战：绘制时尚小插画

相关文件	实战 \ 第 2 章 \2.4.2 实战：绘制时尚小插画	
在线视频	第 2 章 \2.4.2 实战：绘制时尚小插画.mp4	扫码看视频
技术看点	钢笔工具、路径的绘制与编辑	

Step 01 启动Photoshop CC 2019软件，执行"文件"|"打开"命令，或按快捷键Ctrl+O，打开素材文件"背景.jpg"，效果如图2-86所示。

图 2-86

Step 02 在工具箱中选择"钢笔工具"，在图像上方绘制一条路径，如图2-87所示。

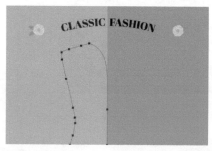

图 2-87

Step 03 在"图层"面板中单击"创建新图层"按钮，新建一个空白图层，并设置前景色为灰色（R:65,G:65,B:67），设置背景色为白色。

Step 04 选择"路径"面板中的路径图层右击，在弹出的快捷菜单中选择"填充路径"命令，弹出"填充路径"对话框，如图2-88所示。默认"内容"选项为"前景色"，单击"确定"按钮，路径将被填充灰色，效果如图2-89所示。

图 2-88

图 2-89

Step 05 在"路径"面板中单击"创建新路径"按钮 ，使用"钢笔工具" 绘制新路径，如图2-90所示。

图 2-90

Step 06 在"图层"面板中单击"创建新图层"按钮 ，新建一个空白图层。接着选择"路径"面板中的路径图层右击，在弹出的快捷菜单中选择"填充路径"命令，打开"填充路径"对话框，将"内容"设置为"背景色"，单击"确定"按钮，路径将被填充白色，如图2-91所示。

图 2-91

Step 07 用上述同样的方法，绘制其他路径，并对路径进行填充。在"填充路径"对话框中将"内容"设置为"颜色"，在"拾色器（填充颜色）"对话框中给衣领、口袋、扣子分别填充黑色，给左侧衣袖填充灰色（R:65,G:65,B:67），给右侧衣身和衣袖填充深灰色（R:40,G:40,B:40），给右侧衬衣填充浅灰色（R:222,G:222,B:222），最终效果如图2-92所示。

图 2-92

Step 08 按快捷键Ctrl+O，打开素材文件"格子.jpg"，效果如图2-93所示。

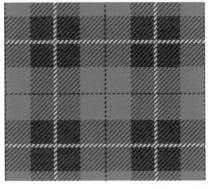

图 2-93

Step 09 执行"编辑"|"定义图案"命令，将格子定义为新图案。

Step 10 选择工具箱中的"钢笔工具" ，在图像上方绘制领带路径，如图2-94所示。

图 2-94

Step 11 在"图层"面板中单击"创建新图层"按钮 ，新建一个空白图层。然后选择"路径"面板中的路径图层右击，在弹出的快捷菜单中选择"填充路径"命令，然后在打开的"填充路径"对话框中将"内容"设置为"图案"，选择之前绘制的格子图案进行填充。

Step 12 在"图层"面板中，将领带图层移动到衬衣与领子图层中间。最终效果如图2-95所示。

图2-95

2.4.3 自由钢笔工具

与"钢笔工具" ∅ 不同，"自由钢笔工具" ∅ 是以自定义绘制的方式建立路径的。在工具箱中选择该工具，移动鼠标指针至图像窗口中自由进行拖动，到达适当的位置后释放鼠标，鼠标指针所移动的轨迹即为路径。在绘制路径的过程中，系统会自动根据曲线的走向添加适当的锚点，并设置曲线的平滑度。

"自由钢笔工具" ∅ 和"套索工具" ⌒ 类似，都可以用来绘制不规则的图形。不同的是，"自由钢笔工具" ∅ 的起始点和结束点重合后，产生的是封闭的路径，而"套索工具" ⌒ 产生的是选区。

2.5 视图辅助工具

为了更准确地对图像进行编辑和调整，我们需要了解并掌握辅助工具的使用。Photoshop中常用的辅助工具包括标尺、参考线、网格和注释等工具，借助这些工具可以进行参考、对齐和定位等操作。

2.5.1 智能参考线

智能参考线可以帮助对齐形状、切片和选区。启用智能参考线后，绘制形状、创建选区或切片时，智能参考线会自动出现在画布中。

执行"视图"|"显示"|"智能参考线"命令，可以启用智能参考线，如图2-96所示，其中紫色线条为智能参考线。

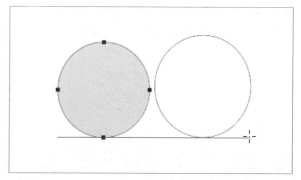

图2-96

答疑解惑：怎样精确地创建参考线？

执行"视图"|"新建参考线"命令，打开"新建参考线"对话框，在"取向"选项中选择创建水平或垂直参考线，在"位置"选项中输入参考线的精确位置，单击"确定"按钮，即可精确地创建参考线。

2.5.2 网格

网格用于对象的对齐和鼠标指针的精确定位，对于对称布置的对象非常有用。

打开一个图像素材，如图2-97所示。执行"视图"|"显示"|"网格"命令，可以显示网格，如图2-98所示。显示网格后，可执行"视图"|"对齐"命令启用对齐功能，此后在进行创建选区和移动图像等操作时，对象会自动对齐到网格上。

图2-97

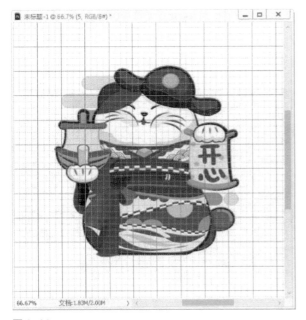

图 2-98

在图像窗口中显示网格后，可以利用网格功能，沿着网格线对齐或移动对象。如果希望在移动对象时能够自动对齐网格，或者在建立选区时自动对齐网格线的位置进行定位选取，可执行"视图"|"对齐到"|"网格"命令，使"网格"命令左侧出现"√"标记即可。

2.5.3　旋转视图工具

"旋转视图工具"🖐可以改变视图的角度，如图 2-99 和图 2-100 所示。在旋转时会出现角度指针，同时显示旋转的角度，按住 Shift 键可以保持 15° 的递进。如果有多个图像存在，可以选择同时旋转所有图像的视图。该功能在手绘时比较实用，因为可以利用旋转视图令单一绘画路径变得多样化。

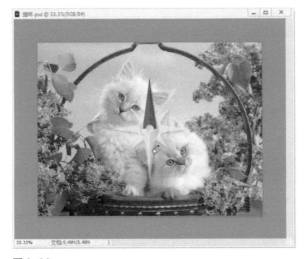

图 2-99

图 2-100

❓答疑解惑：为什么选择"旋转视图工具"🖐后出现🚫图标？

"旋转视图工具"🖐需要启用"图形处理器设置"才能使用。执行"首选项"|"性能"命令，在打开的对话框中勾选"使用图形处理器"复选框即可。使用图形处理器可以激活 Photoshop 的某些功能，并使界面功能更强大，但其不会对已打开的文档启用 OpenGL，这里建议勾选该复选框。

2.5.4　抓手/缩放工具

当窗口大小小于画布大小的时候，使用"抓手工具"🖐可以在窗口中左右移动画布，如果窗口大小大于或等于画布大小则无法使用该工具。

选择"缩放工具"🔍后，默认是将图像放大，按住 Alt 键，画面中的鼠标指针将转化为🔍状态，此时可以将图像缩小。除了单击缩放以外，还可以拖动出矩形框，令矩形框内的图像充满窗口。

❓答疑解惑：如何快速实现画布的移动及缩放操作？

按 Enter 键，可在不选取"抓手工具"🖐的情况下对画布进行移动；放大画布可通过空格＋Ctrl＋单击（或移动）来实现；缩小画布可通过空格＋Alt＋单击（或移动）来实现。

2.5.5　前景色与背景色

前景色与背景色是用户当前使用的颜色。工具箱中包含前景色和背景色的设置选项，它由"设置前景色""设置背景色""切换前景色和背景色"以及"默认前景色和背景色"等部分组成，如图 2-101 所示。

图 2-101

◆ "设置前景色"色块：该色块中显示的是当前所使用的前景颜色，通常默认为黑色。单击工具箱中的"设置前景色"色块，在打开的"拾色器（前景色）"对话框中可以选择所需的颜色。

◆ "默认前景色和背景色"按钮█：单击该按钮，或按快捷键D，可恢复前景色和背景色为默认的黑白颜色。

◆ "切换前景色和背景色"按钮↰：单击该按钮，或按快捷键X，可切换当前前景色和背景色。

◆ "设置背景色"色块：该色块中显示的是当前所使用的背景颜色，通常默认为白色。单击该色块，即可打开"拾色器（背景色）"对话框，对背景色进行设置。

2.5.6 标尺工具

"标尺工具"━的作用是测量两个点之间的距离和角度，在工具选项栏中会显示起点与终点的坐标（X、Y）、角度（A）和距离（L1、L2）等信息。

在画完一条线段后，在其中一个端点上按住Alt键可以拉动出第二条线段，此时角度就以这两条线的夹角为准。距离L1与L2分别表示两个端点距离中心点的距离。当只有一条直线时，角度是根据线段与水平的夹角计算的，距离L表示两个端点之间的距离。

需要注意的是，标尺只是一种参照信息，并不属于图像内容，因此用户在导出图像时是不会看到标尺的。切换到其他工具时标尺会被暂时隐藏。

2.5.7 注释工具

"注释工具"▤可以在图像中的任意区域添加文字注释，也可以用来协同制作图像、备忘录等。

我们可以将PDF文件中包含的注释导入图像中。操作方法：执行"文件"|"导入"|"注释"命令，打开"载入"对话框，选择PDF文件，单击"载入"按钮即可导入。

实战：为图像添加注释

相关文件	实战 \ 第 2 章 \2.5.7 实战：为图像添加注释
在线视频	第 2 章 \2.5.7 实战：为图像添加注释.mp4
技术看点	注释工具

扫码看视频

Step 01 启动Photoshop CC 2019软件，执行"文件"|"打开"命令，或按快捷键Ctrl+O，打开素材文件"橙子.jpg"，效果如图2-102所示。

图 2-102

Step 02 在工具箱中选择"注释工具"▤，在图像上单击，出现记事本图标▤，并且自动生成一个"注释"面板，如图2-103所示。

图 2-103

Step 03 在"注释"面板中输入文字，如图2-104所示。

图 2-104

Step 04 在文档中再次单击，"注释"面板会自动更新到新的页面，在"注释"面板中单击←或→按钮，可以左右切换页面，如图2-105所示。

图 2-105

Step 05 在"注释"面板中，按Backspace键可以逐个删除注释中的文字，注释页面依然存在，如图2-106所示。

图 2-106

Step 06 在"注释"面板中选择相应的注释并单击"删除注释"按钮 🗑 ，则可删除选择的注释，如图2-107所示。

图 2-107

2.6 本章小结

通过本章内容的学习，各位读者对Photoshop常用的工具及用法已有了大致的了解。很多初学者在刚开始接触Photoshop软件时，大都不明白工具之间的联系。其实，工具间的灵活互用，能让我们的设计工作事半功倍。希望

大家通过本章的学习，能掌握Photoshop常用工具的使用方法，为之后的软件学习打下牢固的基础。

2.7 课后习题

2.7.1 课后习题：制作方块拼图效果

相关文件	课后习题 \ 第 2 章 \2.7.1 课后习题：制作方块拼图效果	
在线视频	第 2 章 \2.7.1 课后习题：制作方块拼图效果 .mp4	扫码看视频

本习题主要练习矩形选框工具的使用，使用该选框工具可以为图像制作出方块拼图效果，操作步骤如下。

Step 01 启动Photoshop CC 2019软件，执行"文件"|"打开"命令，或按快捷键Ctrl+O，打开素材文件"鞋子.jpg"，效果如图2-108所示。

图 2-108

Step 02 在图层面板中单击"背景"图层后方的 🔒 按钮，将其转换为普通图层，得到"图层0"，然后对该图层执行"图层"|"图层样式"|"投影"命令，在打开的"图层样式"对话框中对投影属性的各项参数进行设置，如图2-109所示。

图 2-109

Step 03 新建一个空白图层，放置在"图层0"下方，并为

图层填充白色。接着，在"图层"面板中选择"图层0"，然后使用"矩形选框工具" 在图像上方拖动绘制矩形选区，如图2-110所示。

图 2-110

Step 04 选区绘制完成后，按快捷键Ctrl+J复制一层，对应将得到"图层2"。选择"图层2"，执行"编辑"|"描边"命令，在打开的"描边"对话框中设置"描边宽度"为5像素，设置"描边颜色"为白色，设置"位置"为"内部"，如图2-111所示，完成后单击"确定"按钮。

图 2-111

Step 05 上述操作完成后，得到的图像效果如图2-112所示。

图 2-112

Step 06 用同样的方法，继续绘制其他方格图像，完成效果如图2-113所示。

Step 07 在"图层"面板中选择"图层0"，使用"矩形选框工具" 在图像上方拖动绘制一个大的矩形选区，如图2-114所示，按Delete键将选区内的图像内容删除。

图 2-113

图 2-114

Step 08 按快捷键Ctrl+D取消选区，然后调整小方块图像的角度和位置，完成操作后的最终效果如图2-115所示。

图 2-115

2.7.2 课后习题：使用标尺工具

相关文件	课后习题\第2章\2.7.2 课后习题：使用标尺工具	
在线视频	第2章\2.7.2 课后习题：使用标尺工具 .mp4	扫码看视频

本习题主要练习标尺工具的使用，操作步骤如下。

Step 01 启动Photoshop CC 2019软件，执行"文件"|"打开"命令，或按快捷键Ctrl+O，打开素材文件"风景.jpg"，效果如图2-116所示。

图 2-116

Step 02 执行"视图"|"标尺"命令，或按快捷键 Ctrl+R，标尺将会出现在文档窗口的上方和左侧，如图 2-117所示。

图 2-117

Step 03 默认情况下，标尺的原点位于文档窗口的左上角 （0，0）标记处，修改原点的位置，可以从图像上特定的 点开始进行测量。将鼠标指针放在原点位置上，单击并向 右下方拖动，画面中会显现十字线，拖放到合适位置，该 位置将成为新原点的位置，如图2-118所示。

图 2-118

Step 04 移动鼠标指针到标尺的上方右击，可以在弹出的快 捷菜单中修改标尺的单位，如图2-119所示。

图 2-119

？ 答疑解惑：调整标尺的原点位置后，怎样恢复到 （0，0）初始状态？

移动鼠标指针至文档窗口的左上角标记处，双击即可 将原点恢复到（0，0）初始状态。

第03章

图层

图层是Photoshop的核心功能之一。图层的引入，为图像的编辑带来了极大的便利。以前只能通过复杂的选区和通道运算才能得到的效果，现在通过图层和图层样式便可轻松实现。

3.1 认识图层

图层是将多个图像创建出具有工作流程效果的构建块，这就好比一张完整的图像，由层层叠在一起的透明纸组成，用户可以透过图层的透明区域看到下一层的图像，通过这样的方式形成一组完整的图像。

扫二维码查看图层的讲解视频

3.1.1 图层的类型

在Photoshop中可以创建多种类型的图层，不同类型的图层具备不同的功能，它们在"图层"面板中的显示状态也各不相同，如图3-1所示。

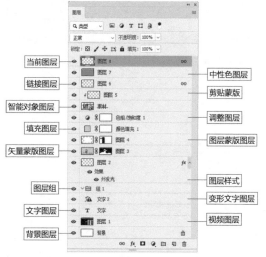

图 3-1

◆ 当前图层：即当前选中的图层。用户在对图像进行处理时，编辑操作将在当前图层中进行。

◆ 中性色图层：填充了黑色、白色、灰色的特殊图层。该类型图层在结合特定图层混合模式后，可用于承载滤镜或在上面绘画。

◆ 链接图层：即保持链接状态的图层。

◆ 剪贴蒙版：蒙版的一种，下面图层中的图像可以控制上面图层的显示范围，常用于合成图像。

◆ 智能对象图层：包含嵌入智能对象的图层。

◆ 调整图层：可以调整图像的色彩，但不会永久更改像素值。

◆ 填充图层：通过填充"纯色""渐变""图案"而创建的特殊效果图层。

◆ 图层蒙版图层：添加了图层蒙版的图层，通过对图层蒙版的编辑可以控制图层中图像的显示范围和显示方式，是合成图像的重要方法。

◆ 矢量蒙版图层：带有矢量形状的蒙版图层。

◆ 图层样式：添加了图层样式的图层，通过图层样式可以快速创建特效。

◆ 图层组：用来组织和管理图层，便于查找和编辑图层。

◆ 变形文字图层：进行了变形处理的文字图层。与普通的文字图层不同，变形文字图层的缩览图上会有一个弧线形标志。

◆ 文字图层：使用文字工具输入文字时所创建的图层。

◆ 视频图层：包含视频文件帧的图层。

◆ 背景图层：位于"图层"面板最下方的图层。

3.1.2 "图层"面板

"图层"面板用于创建、编辑和管理图层，以及为图层添加样式。面板中列出了文档中包含的所有的图层、图层组和图层效果，如图3-2所示。

图 3-2

- ◆ 选取图层类型：当图层数量较多时，可在该选项的下拉列表框中选择一种图层类型（包括名称、效果、模式、属性、颜色等），让"图层"面板只显示此类图层，隐藏其他类型的图层。
- ◆ 打开/关闭图层过滤：单击该按钮，可以启用或停用图层过滤功能。
- ◆ 设置图层混合模式：从下拉列表框中可以选择图层的混合模式。
- ◆ 设置图层不透明度：输入数值，可以设置当前图层的不透明度。
- ◆ 图层锁定按钮 图 ✎ ✤ ⬚ 🔒 ：用来锁定当前图层的属性，使其不可编辑，包括锁定透明像素 图 、锁定图像像素 ✎ 、锁定位置 ✤ 、防止在画板和画框内外自动嵌套 ⬚ 和锁定全部 🔒 。
- ◆ 设置填充不透明度：设置当前图层填充的不透明度，它与图层的不透明度类似，但不会影响图层效果。
- ◆ 隐藏的图层：图层前的按钮显示为空格形状，表示该图层处于隐藏状态。处于隐藏状态的图层不能被编辑。
- ◆ 当前图层：在Photoshop中，可以选择一个或多个图层，以便在上面工作，当前选择的图层以灰色显示。对于某些操作，一次只能在一个图层上工作。单个选定的图层称为当前图层。当前图层的名称将出现在文档窗口的标题栏中。
- ◆ 图层链接按钮 ∞ ：显示该按钮的多个图层为彼此链接的图层，它们可以一同移动或进行变换操作。
- ◆ 折叠/展开图层组：单击该按钮可折叠或展开图层组。
- ◆ 折叠/展开图层效果：单击该图标可以展开图层效果列表，显示当前图层添加的所有效果的名称。再次单击可折叠图层效果列表。
- ◆ 眼睛按钮 👁 ：用于控制图层的显示或隐藏。
- ◆ 图层锁定按钮 🔒 ：显示该按钮时，表示图层处于锁定状态。
- ◆ 链接图层 ∞ ：用来链接当前选择的多个图层。
- ◆ 添加图层样式 fx ：单击该按钮，在打开的菜单中可选择需要添加的图层样式，为当前图层添加图层样式。
- ◆ 添加图层蒙版 ▢ ：单击该按钮，可为当前图层添加图层蒙版。
- ◆ 创建新的填充或调整图层 ◉ ：单击该按钮，可在打开的菜单中选择填充或调整图层选项，添加填充图层或调整图层。
- ◆ 删除图层 🗑 ：选择图层或图层组，单击该按钮可将其删除。
- ◆ 创建新图层 🗂 ：单击该按钮可以创建一个图层。
- ◆ 创建新组 ▭ ：单击该按钮可以创建一个图层组。

3.2 图层的创建

在"图层"面板中，用户可以通过各种方法来创建图层。例如，从其他图像中复制图层、粘贴图像时自动生成图层等。本节将介绍图层的创建方法。

扫二维码查看创建图层的讲解视频

3.2.1 在"图层"面板中创建图层

单击"图层"面板中的"创建新图层"按钮 🗂 ，即可在当前图层上方新建一个图层，新建的图层会自动成为当前图层，如图3-3所示。如果要在当前图层的下方新建图层，可以按住Ctrl键并单击创建新图层按钮 🗂 ，如图3-4所示。

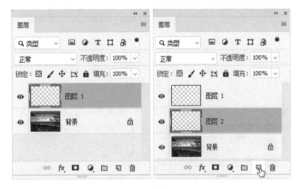

图 3-3　　　　　　　图 3-4

3.2.2 用"新建"命令创建图层

如果想要创建图层并设置图层的属性，如名称、颜色和混合模式等，可以执行"图层"|"新建"|"图层"命令，或按住Alt键并单击创建新图层按钮 🗂 ，打开"新建图层"对话框进行设置，如图3-5所示。

图 3-5

在"颜色"下拉列表框中选择一种颜色后，可以使用颜色标记图层，用颜色标记图层在Photoshop中称为颜色编码。为某些图层或图层组设置一个可以区别于其他图层或组的颜色，可以有效地区分不同用途的图层。

3.2.3 用"通过拷贝的图层"命令创建图层

首先在图像中创建了选区，如图3-6所示。然后执行"图层"|"新建"|"通过拷贝的图层"命令，或按快捷键Ctrl+J，可以将选中的图像复制到一个新的图层中，原图层内容保持不变，如图3-7所示。如果没有创建选区，则执行该命令可以快速复制当前图层，如图3-8所示。

图 3-6

图 3-7　　　　　　　图 3-8

3.2.4 用"通过剪切的图层"命令创建图层

在图像中创建选区以后，执行"图层"|"新建"|"通过剪切的图层"命令，或按快捷键Shift+Ctrl+J，可将选区内的图像从原图层中剪切到一个新的图层中，如图3-9所示和图3-10所示。

图 3-9　　　　　　　图 3-10

3.2.5 创建背景图层

新建文档时，使用白色、黑色或背景色作为背景内容，在"图层"面板最下面的图层便是"背景"图层，如

图3-11所示。使用透明作为背景内容时，则没有"背景"图层。

图 3-11

文档中没有"背景"图层时，选择一个图层，如图3-12所示，执行"图层"|"新建"|"图层背景"命令，可以将它转换为"背景"图层，如图3-13所示。这里要注意的是，在"背景"图层下方不能创建其他图层。

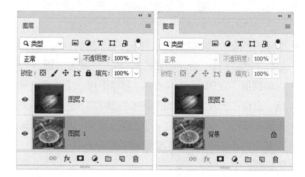

图 3-12　　　　　　　图 3-13

3.2.6 将背景图层转换为普通图层

"背景"图层是比较特殊的图层，它永远在"图层"面板的最底层，不能调整堆叠顺序，并且不能设置不透明度和混合模式，也不能添加效果。如果用户要进行这些操作，需要先将"背景"图层转换为普通图层。

双击"背景"图层，如图3-14所示，在打开的"新建图层"对话框中为它设置一个名称（也可以使用默认的名称），然后单击"确定"按钮，即可将其转换为普通图层，如图3-15所示。

图 3-14

图 3-15

　　"背景"图层可以用绘画工具、滤镜等工具进行编辑。一个图像中可以没有"背景"图层，但最多只能有一个"背景"图层。

3.3　图层的编辑

　　由于Photoshop是最典型的图层制图软件，所以在学习其他操作之前，用户必须要充分理解"图层"的概念，并熟练掌握编辑图层的基本操作。

3.3.1　改变图层的顺序

　　"图层"面板中的图层是按照从上到下的顺序堆叠排列的，上面图层中的不透明部分会遮盖下面图层中的图像，因此，如果改变面板中图层的堆叠顺序，图像的效果也会发生改变。

　　将一个图层的名称拖至另外一个图层的上方或下方，当突出显示的线条出现在要放置图层的位置时，释放鼠标即可调整图层的堆叠顺序。

实战：调整图层顺序		
相关文件	实战 \ 第 3 章 \3.3.1　实战：调整图层顺序	
在线视频	第 3 章 \3.3.1　实战：调整图层顺序.mp4	扫码看视频
技术看点	调整图层的顺序	

Step 01　启动Photoshop CC 2019软件，执行"文件"|"打开"命令，或按快捷键Ctrl+O，打开素材文件"荷花.psd"，效果如图3-16所示。

图 3-16

Step 02　选中"荷叶"图层，执行"图层"|"排列"命令，展开其子菜单，如图3-17所示。

图 3-17

Step 03　选择"后移一层"命令，将"荷叶"图层往后移动一个图层，效果如图3-18所示。

图 3-18

Step 04　在"图层"面板中，调整图层的顺序，将"荷叶"拖动到"荷花大"的上方，如图3-19所示。

图 3-19

Step 05　继续选择"荷叶"图层，按快捷键Ctrl+Shift+[，将该图层放置到最底层，如图3-20所示。

图 3-20

Step 06　按快捷键Ctrl+]，将"荷叶"图层向上移动一层，如图3-21所示。

图 3-21

3.3.2 对齐与分布

Photoshop的对齐和分布功能用于准确定位图层的位置。在进行对齐和分布操作之前，首先需要选择这些图层，或者将这些图层设置为链接图层。

在"移动工具" 选取状态下，可以单击工具选项栏中的 按钮来对齐图层，单击 按钮来进行图层的分布操作。

实战：图像的对齐与分布操作

相关文件	实战 \ 第 3 章 \3.3.2 实战：图像的对齐与分布操作
在线视频	第 3 章 \3.3.2 实战：图像的对齐与分布操作 .mp4
技术看点	图像的对齐与分布

扫码看视频

Step 01 启动Photoshop CC 2019软件，执行"文件"|"打开"命令，或按快捷键Ctrl+O，打开素材文件"浣熊.psd"，效果如图3-22所示。

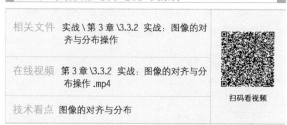

图 3-22

Step 02 选中除"背景"图层以外的所有图层，执行"图层"|"对齐"|"顶边"命令，可以将选定图层上的顶端像素与所有选定图层上最顶端的像素对齐，如图

3-23所示。

图 3-23

Step 03 按快捷键Ctrl+Z撤销上一步操，执行"图层"|"对齐"|"垂直居中"命令，可以将每个选定图层上的垂直像素与所有选定的垂直中心像素对齐，如图3-24所示。

图 3-24

Step 04 按快捷键Ctrl+Z撤销上一步操作，执行"图层"|"对齐"|"水平居中"命令，可以将选定图层上的水平中心像素与所有选定图层的水平中心像素对齐，如图3-25所示。

图 3-25

Step 05 按快捷键Ctrl+Z撤销上一步操作，取消对齐，随意打散图层的分布，如图3-26所示。

图 3-26

Step 06 选中除"背景"图层以外的所有图层，执行"图层"|"分布"|"左边"命令，可以从每个图层的左端像素开始，间隔均匀地分布图层，如图3-27所示。

图 3-27

3.3.3 合并图层

　　尽管Photoshop CC 2019对图层的数量没有限制，用户可以新建任意数量的图层，但图像的图层越多，打开和处理项目时所占用的内存以及保存时所占用的磁盘空间也会越大，因此，需要及时合并一些不需要修改的图层，来减少图层数量。

1. 合并图层

　　如果需要合并两个及两个以上的图层，可在"图层"面板中选中图层，执行"图层"|"合并图层"命令，合并后的图层会使用上方图层的名称，如图3-28和图3-29所示。

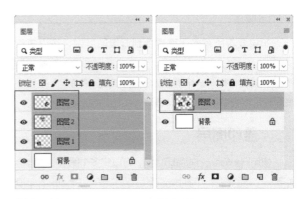

图 3-28　　　　　　　　　图 3-29

2. 向下合并可见图层

　　如果需要将一个图层与它下面的图层合并，可以选择该图层，执行"图层"|"向下合并"命令，或者按快捷键Ctrl +E，即可快速完成，向下合并后，显示的名称为下方图层名称，如图3-30和图3-31所示。

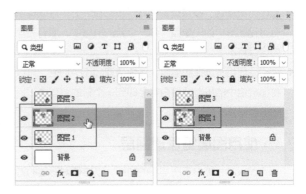

图 3-30　　　　　　　　　图 3-31

3. 合并可见图层

　　如果需要合并图层中可见的图层，可选中所有图层，执行"图层"|"合并可见图层"命令，或按快捷键Ctrl+Shift+E，便可将它们合并到背景图层上，如图3-32和图3-33所示。隐藏的图层不能被合并进去。

图 3-32　　　　　　　　　图 3-33

4. 拼合图层

如果要将所有图层都拼合到背景图层中，可以执行"图层"|"拼合图像"命令，如果合并时图层中有隐藏的图层，系统将打开一个提示对话框，单击"确定"按钮，隐藏图层将被删除，单击"取消"按钮则取消合并操作。

3.3.4 盖印图层

使用Photoshop的盖印功能，可以将多个图层的内容合并到一个新的图层，同时使原图层保持完好。Photoshop没有提供盖印图层的相关命令，只能通过快捷键进行操作。

◆ 向下盖印：选择一个图层，按快捷键Ctrl+Alt+E，可以将该图层中的图像盖印到下面的图层中，原图层内容保持不变。

◆ 盖印多个图层：选择多个图层，按快捷键Ctrl+Alt+E，可以将它们盖印到一个新的图层中，原有图层的内容保持不变。

◆ 盖印可见图层：按快捷键Ctrl+Alt+Shift+E，可以将所有可见图层中的图像盖印到一个新的图层中，原有图层内容保持不变。

◆ 盖印图层组：选择图层组，按快捷键Ctrl+Alt+E，可以将图层组中的所有图层内容盖印到一个新的图层中，原图层组保持不变。

3.3.5 使用图层组管理图层

Photoshop提供了图层组的功能，以方便对图层的管理。图层与图层组的关系类似于Windows操作系统中的文件与文件夹的关系。图层组可以展开或折叠，也可以像图层一样设置透明度、混合模式，添加图层蒙版，进行整体选择、复制或移动等操作。

在"图层"面板中单击"创建新组"按钮 ，或执行"图层"|"新建"|"组"命令，即可在当前选中图层的上方创建一个图层组，如图3-34所示。双击图层组名称位置，在弹出的文本框中可以输入新的图层组名称。

通过上述方式创建的图层组不包含任何图层，需要通过拖动的方法将图层移动至图层组中。在需要移动的图层上按住鼠标左键，然后将其拖至图层组名称或 按钮上，释放鼠标即可，如图3-35和图3-36所示。

若要将图层移出图层组，可再次将该图层拖至图层组的上方或下方释放鼠标，或者直接将图层拖出图层组区域。

图层组也可以直接从当前选择图层创建得到，这样新建的图层组将包含当前选择的所有图层。按住Shift键或Ctrl键，选择需要添加到同一图层组中的所有图层，执行"图层"|"新建"|"从图层建立组"命令，或按快捷键Ctrl + G即可成组。

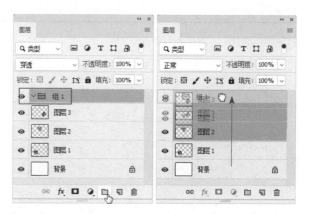

图 3-34　　　　　　　　　图 3-35

图 3-36

选中图层后，执行"图层"|"新建"|"从图层建立组"命令，打开"从图层新建组"对话框，设置图层组的名称、颜色和模式等属性，可以将其创建在设置了特定属性的图层组内。

当图层组中的图层比较多时，可以折叠图层组以节省"图层"面板空间。折叠时只需单击图层组左侧的三角形按钮 ∨ 即可，如图3-37所示。当需要查看图层组中的图层时，再次单击该三角形按钮即可展开图层组中各图层。

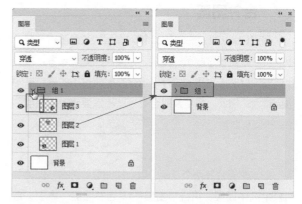

图 3-37

单击图层组左侧的 按钮，可隐藏图层组中的所有图层，再次单击可重新显示。

拖动图层组至"图层"面板底端的 按钮上，可复制当前图层组。选择图层组后单击 🗑 按钮，弹出如图3-38所示的对话框。单击"组和内容"按钮，将删除图层组和图层组中的所有图层；若单击"仅组"按钮，将只删除图层组，图层组中的图层将被移出图层组。

图 3-38

3.4 图层样式

所谓图层样式，实际上就是由投影、内阴影、外发光、内发光、斜面和浮雕、光泽、颜色叠加、图案叠加、渐变叠加、描边等图层效果组成的集合，它能够将平面图形转化为具有材质和光影效果的立体图像。

3.4.1 添加图层样式

如果要为图层添加样式，可以选择这一图层，然后使用以下任意一种方式打开"图层样式"对话框。

◆ 执行"图层"|"图层样式"子菜单中的样式命令，可打开"图层样式"对话框，并进入相应的样式设置面板，如图3-39所示。

图 3-39

◆ 在"图层"面板中单击"添加图层样式"按钮 *fx*，在打开的菜单中选择一个样式命令，可打开"图层样式"对话框，并进入相应的样式设置面板，如图3-40所示。

◆ 双击需要添加样式的图层，可打开"图层样式"对话框，在对话框左侧可以选择不同的图层样式选项。

图 3-40

? 答疑解惑：图层样式可以用于"背景"图层吗？

图层样式不能用于"背景"图层，但是可以按住Alt键并双击"背景"图层，将其转换为普通图层，然后为其添加图层样式。

3.4.2 "图层样式"对话框

执行"图层"|"图层样式"|"混合选项"命令，打开"图层样式"对话框，如图3-41所示。"图层样式"对话框的左侧列出了10类效果，效果名称前面的复选框内有"√"标记的，表示在图层中添加了该效果。单击清除某个效果前的"√"标记，则可以停用该效果，但保留效果参数。

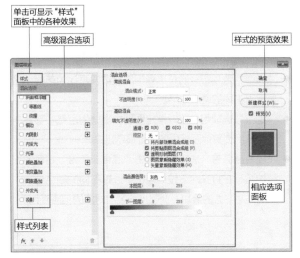

图 3-41

◆ 样式列表：提供样式、混合选项和各种图层样式选项。选中样式复选框可应用该样式，单击样式名称可切换到相应的选项面板。

◆ 新建样式：将自定义效果保存为新的样式文件。

◆ 样式的预览效果：预览形态显示当前设置的样式效果。

◆ 相应选项面板：在该区域显示当前选择的选项对应的参数设置。

3.4.3 "混合选项"面板

默认情况下，在打开"图层样式"对话框后，都将切换到"混合选项"面板中，如图3-42所示。该面板可对一些相对常见的选项，例如混合模式、不透明度、混合颜色带等参数进行设置。

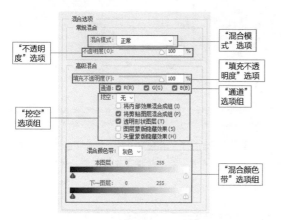

图 3-42

◆ "混合模式"选项：单击右侧的下拉按钮，可打开下拉列表框，在列表中选择任意一个选项，即可使当前图层按照选择的混合模式与下层图层叠加在一起。

◆ "不透明度"选项：拖动滑块或直接在文本框中输入数值，设置当前图层的不透明度。

◆ "填充不透明度"选项：拖动滑块或直接在文本框中输入数值，设置当前图层的填充不透明度。"填充不透明度"影响图层中绘制的像素或图层中绘制的形状，但不影响已应用图层的任何图层效果的不透明度。

◆ "通道"选项组：通过选择相应复选框可让当前显示区显示出不同的通道效果。

◆ "挖空"选项组：可以指定图层中哪些图层是"穿透"的，从而使其他图层中的内容显示出来。

◆ "混合颜色带"选项组：单击"混合颜色带"右侧的下拉按钮，在打开的下拉列表框中选择不同的颜色选项，然后拖动下方的滑块，调整当前图层对象的相应颜色。

实战：抠取烟花图像

相关文件	实战 \ 第 3 章 \3.4.3 实战：抠取烟花图像
在线视频	第 3 章 \3.4.3 实战：抠取烟花图像.mp4
技术看点	混合颜色带抠图、图层蒙版、画笔工具

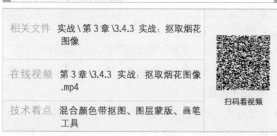

扫码看视频

`Step 01` 启动Photoshop CC 2019软件，执行"文件"|"打开"命令，或按快捷键Ctrl+O，打开素材文件

"混合选项抠图.psd"，效果如图3-43所示。

`Step 02` 在"图层"面板中恢复"烟花"图层的显示，如图3-44所示。

图 3-43

图 3-44

`Step 03` 选择"烟花"图层，按快捷键Ctrl+T显示定界框，将图像调整到合适位置及大小，如图3-45所示。

图 3-45

`Step 04` 双击"烟花"图层，打开"图层样式"对话框，按住Alt键并单击"本图层"中的黑色滑块，分开滑块，将右半边滑块向右拖至靠近白色滑块，使烟花周围的灰色能够很好地融合到背景图像中，如图3-46所示，完成后单击"确定"按钮。

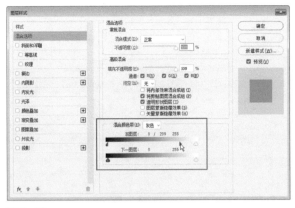

图 3-46

Step 05 按Ctrl++快捷键，放大图像。单击"图层"面板底部的"添加图层蒙版"按钮 ◯，为"烟花"图层添加蒙版，如图3-47所示。

图 3-47

Step 06 选择工具箱中的"画笔工具" ✐，设置前景色为黑色，然后用柔边笔刷在烟花周围涂抹，使烟花融入夜空，如图3-48所示。

图 3-48

Step 07 在"图层"面板中恢复"烟花2"图层的显示，并选中该图层，如图3-49所示。

图 3-49

Step 08 用同样的方法，在画面中添加其他烟花效果。最终完成效果如图3-50所示。

图 3-50

❓ 答疑解惑："混合颜色带"适用于所有抠图操作吗？

位于"混合选项"面板中的"混合颜色带"适合抠取背景简单、没有烦琐内容且对象与背景之间色调差异大的图像。如果对所选取对象的精度要求不高，或者只是想看到图像合成的草图时，用"混合颜色带"进行抠图是不错的选择。

3.4.4 "样式"面板

"样式"面板中包含Photoshop提供的各种预设的图层样式，选择"图层样式"对话框左侧样式列表中的"样式"选项，并单击该选项，即可切换至"样式"面板，如图3-51所示。在"样式"面板中可显示当前可应用的图层样式，单击样式按钮即可应用该样式。也可以执行"窗口"|"样式"命令，单独打开"样式"面板，如图3-52所示。

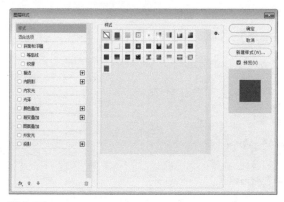

图 3-51

图 3-52

3.4.5 修改、隐藏与删除样式

隐藏或删除图层样式可以去除为图层添加的图层样式效果，方法如下。

◆ 删除图层样式：添加图层样式的图层右侧会显示 fx 按钮，单击该按钮可以展开所有添加的图层效果，拖动该按钮或效果栏至"图层"面板底端的删除按钮 🗑 上，可以删除图层样式。

◆ 隐藏样式效果：单击图层样式效果左侧的眼睛按钮 👁 ，可以隐藏该样式效果。

◆ 修改图层样式：在"图层"面板中，双击一个效果的名称，打开"图层样式"对话框并进入该效果的设置面板，便可修改图层样式。

3.4.6 复制与粘贴样式

快速复制图层样式，有鼠标拖动和菜单命令两种方法可供选用。

1. 鼠标拖动

展开"图层"面板中的图层效果列表，拖动"效果"项或 fx 按钮至另一图层上方，即可移动图层样式至另一个图层，此时鼠标指针显示为 🖑 形状，同时在鼠标指针上方显示 fx 标记，如图3-53所示。

如果在拖动图层样式时，按住Alt键，则可以复制该图层样式至另一图层，此时鼠标指针显示为 ▶ 形状，如图3-54所示。

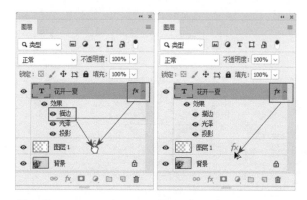

图 3-53   图 3-54

2. 菜单命令

在具有图层样式的图层上右击，在弹出的快捷菜单中选择"拷贝图层样式"命令，然后在需要粘贴样式的图层上右击，在弹出的快捷菜单中选择"粘贴图层样式"命令即可。

3.4.7 缩放样式效果

当我们对添加了效果的图层对象进行缩放时，缩放效果仍然保持原来的比例，不会随着对象大小的变化而改变。如果要与图像比例一致，就需要单独对效果进行缩放。

执行"图层"|"图层样式"|"缩放效果"命令，可打开"缩放图层效果"对话框，如图3-55所示。在"缩放"下拉列表框中可以选择缩放比例，也可直接在文本框中输入缩放数值，图3-56所示为设置"缩放"数值分别为20和200时的效果。

"缩放效果"命令只会缩放图层样式中的效果，而不会缩放应用了该样式的图层。

图 3-55

图 3-56

3.5 图层混合模式

图层的"混合模式"是指当前图层中的像素与下方图像之间像素的颜色混合方式。图层混合模式的设置主要用于多张图像的融合、使画面同时具有多个图像中的特质、改变画面色调、制作特效等情况。

3.5.1 设置混合模式

想要设置图层的混合模式,需要在"图层"面板中进行操作。当文档中存在两个或两个以上的图层时(只有一个图层时设置混合模式没有效果),如图3-57和图3-58所示。

图 3-57

图 3-58

单击选中图层(背景图层以及锁定全部的图层无法设置混合模式),然后单击"图层"面板顶部的 正常 按钮,如图3-59所示,展开下拉列表框即可选择混合模式,在列表中拖动鼠标可以预览混合模式的应用效果,如图3-60所示。

图 3-59

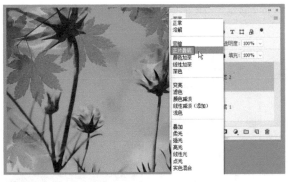

图 3-60

> **答疑解惑:为什么设置了混合模式却没有效果?**
>
> 如果所选图层被顶部图层完全遮住,那么此时设置该图层混合模式是不会看到效果的,需要将顶部遮挡图层隐藏后再观察效果。另外,某些特定色彩的图像即使设置了混合模式也不会产生效果。

3.5.2 混合模式的使用

在"图层"面板中选择一个图层,单击面板顶部的 正常 按钮,在展开的下拉列表框中可以选择任意一种混合模式,这些混合模式按不同功能进行分组,如图3-61所示。

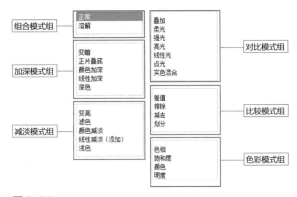

图 3-61

下面将为图像添加一个渐变填充的图层,然后分别使用不同的混合模式,演示它与下方的背景图层是如何混合的,如图3-62所示。

- ◆ 正常模式:默认的混合模式。图层的不透明度为100%时,可以完全遮盖住下面的图像,如图3-62所示。降低不透明度可以使其与下面的图层混合。
- ◆ 溶解模式:设置该模式并降低图层的不透明度时,可以使半透明区域上的像素离散,产生点状颗粒,如图3-63所示。
- ◆ 变暗模式:比较两个图层,当前图层中较亮的像素会被底层较暗的像素替换，亮度值比底层像素低的像素保持不变，如图3-64所示。

图 3-62

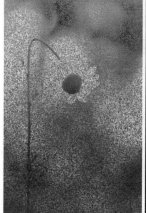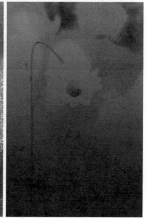

图 3-63　　　　　　　　图 3-64

◆ 正片叠底模式：当前图层中的像素与底层的白色混合时保持不变，与底层的黑色混合时则被替换，混合结果通常会使图像变暗，如图3-65所示。

◆ 颜色加深模式：通过增加对比度来加强深色区域，底层图像的白色保持不变，如图3-66所示。

图 3-65　　　　　　　　图 3-66

◆ 线性加深模式：通过减小亮度使像素变暗，它与"正片叠底"模式的效果相似，但可以保留下方图像更多的颜色信息，如图3-67所示。

◆ 深色模式：比较两个图层中所有通道值的总和并显示值较小的颜色，不会生成第三种颜色，如图3-68所示。

◆ 变亮模式：与"变暗"模式的效果相反，当前图层中较亮的像素会替换底层较暗的像素，而较暗的像素则被底层较亮的像素替换，如图3-69所示。

◆ 滤色模式：与"正片叠底"模式相反，它可以使图像产生漂白的效果，类似于多个摄影幻灯片在彼此之上的投影，如图3-70所示。

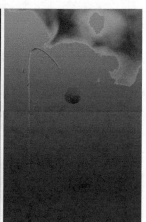

图 3-67　　　　　　　　图 3-68

图 3-69　　　　　　　　图 3-70

◆ 颜色减淡模式：与"颜色加深"模式的效果相反，它通过降低对比度来加亮底层图像，并使颜色变得更加饱和，如图3-71所示。

◆ 线性减淡（添加）模式：与"线性加深"模式的效果相反。通过增加亮度来减淡颜色，亮化效果比"滤色"和"颜色减淡"模式都强烈，如图3-72所示。

◆ 浅色模式：比较两个图层中所有通道值的总和并显示值较大的颜色，不会生成第三种颜色，如图3-73所示。

◆ 叠加模式：可增强图像的颜色，并保持底层图像的高光和暗调，如图3-74所示。

图 3-71　　　　　　　　图 3-72

图 3-73　　　　　　　　图 3-74

◆ 柔光模式：当前图层中的颜色决定图像变亮或是变暗。如果当前图层中的像素比50%灰色亮，则图像变亮；如果像素比50%灰色暗，则图像变暗。产生的效果与发散的聚光灯照在图像上的效果相似，如图3-75所示。

◆ 强光模式：当前图层中的像素比50%灰色亮，则图像变亮，如果像素比50%灰色暗，则图像变暗。产生的效果与耀眼的聚光灯照在图像上的效果相似，如图3-76所示。

◆ 亮光模式：如果当前图层中的像素比50%灰色亮，则通过降低对比度的方式使图像变亮；如果当前图层中的像素比50%灰色暗，则通过增加对比度的方式使图像变暗。亮光模式可以使混合后的颜色更加饱和，如图3-77所示。

◆ 线性光模式：如果当前图层中的像素比50%灰色亮，可通过减小对比度的方式使图像变亮；如果当前图层中的像素比50%灰色暗，则通过降低亮度的方式使图像变暗。"线性光"模式可以使图像产生更高的对比度，如图3-78所示。

图 3-75　　　　　　　　图 3-76

图 3-77　　　　　　　　图 3-78

◆ 点光模式：如果当前图层中的像素比50%灰色亮，则替换暗的像素；如果当前图层中的像素比50%灰色暗，则替换亮的像素，如图3-79所示。

◆ 实色混合模式：如果当前图层中的像素比50%灰色亮，会使底层图像变亮；如果当前图层中的像素比50%灰色暗，会使底层图像变暗。该模式通常会使图像产生色调分离的效果，如图3-80所示。

◆ 差值模式：当前图层的白色区域会使底层图像产生反相效果，而黑色则不会对底层图像产生影响，如图3-81所示。

◆ 排除模式：与"差值"模式的原理基本相似，但该模式可以创建对比度更低的混合效果，如图3-82所示。

图 3-79　　　　　　　　图 3-80

图 3-81　　　　　　　　图 3-82

◆ 减去模式：可以从目标通道中相应的像素上减去源通道
中的像素值，如图3-83所示。

◆ 划分模式：查看每个通道中的颜色信息，从基色中划分
混合色，如图3-84所示。

图 3-83　　　　　　　　图 3-84

◆ 色相模式：将当前图层的色相应用到底层图像的亮度和
饱和度中，可以改变底层图像的色相，但不会影响其亮

度和饱和度。对于黑色、白色和灰色区域，该模式不起
作用，如图3-85所示。

◆ 饱和度模式：将当前图层的饱和度应用到底层图像的亮
度和色相中，可以改变底层图像的饱和度，但不会影响
其亮度和色相，如图3-86所示。

图 3-85　　　　　　　　图 3-86

◆ 颜色模式：将当前图层的色相与饱和度应用到底层图像
中，但保持底层图像的亮度不变，如图3-87所示。

◆ 明度模式：将当前图层的亮度应用于底层图像的颜色
中，可以改变底层图像的亮度，但不会对其色相与饱和
度产生影响，如图3-88所示。

图 3-87　　　　　　　　图 3-88

实战：制作双重曝光效果

相关文件	实战 \ 第 3 章 \ 3.5.2 实战：制作双重曝光效果	
在线视频	第 3 章 \3.5.2 实战：制作双重曝光效果 .mp4	扫码看视频
技术看点	魔棒工具、图层蒙版、调整图层	

Step 01 启动Photoshop CC 2019软件，执行"文件"|"打开"命令，或按快捷键Ctrl+O，打开素材文件"鹿.jpg"，效果如图3-89所示。

Step 02 执行"文件"|"置入嵌入对象"菜单命令，将素材文件"森林.jpg"置入文档，并调整到合适的大小及位置，如图3-90所示。

图 3-89

图 3-90

Step 03 暂时隐藏"森林"图层，回到"背景"图层。在工具箱中选择"魔棒工具" ，选取"背景"文档中的白色区域，按住Shift键并单击可加选，选取好白色区域后，按快捷键Shift+Ctrl+I反选鹿的部分，如图3-91所示。

Step 04 恢复"森林"图层的显示，在该图层选取状态下，单击"图层"面板底部的"添加图层蒙版"按钮 ，为"森林"图层建立图层蒙版，如图3-92所示。

Step 05 选择"背景"图层，按快捷键Ctrl+J拷贝图层，并将拷贝的图层移至顶层，将图层混合模式调整为"变亮"，如图3-93所示。

图 3-91

图 3-92

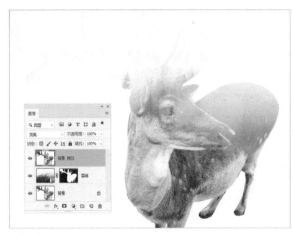

图 3-93

Step 06 单击"图层"面板底部的"添加图层蒙版"按钮 ，为拷贝的图层建立图层蒙版。选中蒙版，将前景色设置为黑色，背景色设置为白色，然后使用"画笔工具" 在文档上进行涂抹，露出需要的图像，如图3-94所示。

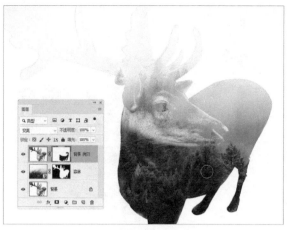

图 3-94

Step 07 在"图层"面板中选择"森林"图层的蒙版，使用黑色画笔在需要显现的图像上涂抹，如图3-95所示。

图 3-95

Step 08 单击"图层"面板底部"创建新的填充或调整图层"按钮 ◎，创建一个"纯色"调整图层，在打开的"拾色器（纯色）"对话框中设置颜色为棕色（R:230,G:221,B:198），设置其"混合模式"为"正片叠底"，并降低"不透明度"到80%，然后在合适的位置添加文字，最终效果如图3-96所示。

图 3-96

3.6 本章小结

通过本章的学习，我们可以掌握图层样式的使用方法，这有助于我们制作出浮雕、描边、光泽、发光和投影等效果。多种图层样式的组合使用，可以为文字或形状图层模拟出水晶质感、金属质感、凹凸效果、钻石质感、厚度感、塑料质感等效果。此外，通过图层混合模式的学习，我们能够轻松制作出多个图层的混叠效果，例如多重曝光、融图、为图像中增添光效、使苍白的天空出现蓝天白云、增强画面色感等。灵活运用图层及图层样式，能使作品的视觉效果更加丰富。

3.7 课后习题

3.7.1 课后习题：针对图像大小缩放效果

相关文件	课后习题 \ 第 3 章 \3.7.1 课后习题：针对图像大小缩放效果	
在线视频	第 3 章 \3.7.1 课后习题：针对图像大小缩放效果 .mp4	扫码看视频

本习题主要练习针对图像大小来缩放样式效果。对添加了效果的对象进行缩放时，效果仍然会保持原来的比例，不会随着对象的大小而变化。如果要获得与图像比例一致的效果，就需要对效果进行单独的缩放。操作步骤如下。

Step 01 启动Photoshop CC 2019软件，执行"文件"|"打开"命令，或按快捷键Ctrl+O，打开素材文件"风景.psd"，效果如图3-97所示。

图 3-97

Step 02 在"图层"面板中选择"月亮"图层，按快捷键Ctrl+T打开定界框，拖动定界框的控制点，将"月亮"对象等比缩放到合适大小，如图3-98所示，可以看到对象虽然缩小了，但是样式效果的大小没有改变。

图 3-98

按Enter键确认缩放操作，然后执行"图层"|"图层样式"|"缩放效果"命令，在打开的"缩放图层效果"对话框中，调整"缩放"参数为30%，如图3-99所示，单击"确定"按钮，即可缩放样式效果的大小，如图3-100所示。

图 3-99

图 3-100

3.7.2 课后习题：将效果创建为图层

相关文件	课后习题 \ 第 3 章 \3.7.2 课后习题：将效果创建为图层	
在线视频	第 3 章 \3.7.2 课后习题：将效果创建为图层 .mp4	 扫码看视频

本习题主要练习将图层的效果创建为单独的图层，操作步骤如下。

启动Photoshop CC 2019软件，执行"文件"|"打开"命令，或按快捷键Ctrl+O，打开素材文件"花瓣.psd"，效果如图3-101所示。

图 3-101

在"图层"面板中选择添加了样式效果的"泡泡"图层，执行"图层"|"图层样式"|"创建图层"命令，即可将样式效果分离出来，并创建为新的图层，如图3-102所示。

图 3-102

第04章

蒙版与合成

在Photoshop中，蒙版功能主要用于画面的修饰与合成。Photoshop中共有4种蒙版，分别是剪贴蒙版、图层蒙版、矢量蒙版和快速蒙版。这4种蒙版的原理与操作方式各不相同，本章将进行详细介绍。

4.1 认识蒙版

在Photoshop中，蒙版就是遮罩，控制着图层或图层组中不同区域的隐藏和显示。更改蒙版可以对图层应用各种特殊效果，而不会影响该图层上的实际像素。

扫二维码查看蒙版
的讲解视频

4.1.1 蒙版的类型与用途

Photoshop中共有4种蒙版：剪贴蒙版、图层蒙版、矢量蒙版和快速蒙版，它们的特性分别如下。

◆ 剪贴蒙版：以下层图层的"形状"控制上层图层显示的"内容"。常用于在合成中赋予某个图层其他图层的内容。

◆ 图层蒙版：通过"黑白"来控制图层内容的显示和隐藏。图层蒙版是比较常用的功能，常用于合成中图像部分区域的隐藏。

◆ 矢量蒙版：以路径的形态控制图层内容的显示和隐藏。路径以内的部分被显示，路径以外的部分被隐藏。由于以矢量路径进行控制，所以可以实现蒙版的无损缩放。

◆ 快速蒙版：以绘图的方式创建各种随意的选区，与其说它是蒙版的一种，不如说它是选区工具的一种。

4.1.2 蒙版的调整

执行"窗口"|"属性"命令，打开"属性"面板，如图4-1所示，使用"属性"面板可以对图层蒙版和矢量蒙版进行一些编辑操作。

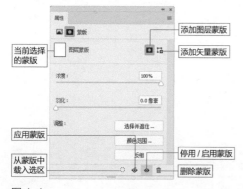

图 4-1

◆ 当前选择的蒙版：显示在"图层"面板中当前选择的蒙版类型。

◆ 添加图层蒙版/添加矢量蒙版：单击 ▣ 按钮，可以为当前图层添加图层蒙版；单击 ▣ 按钮，则可为当前图层添加矢量蒙版。

◆ 浓度：拖动滑块可以控制蒙版的不透明度，即蒙版对图层的遮盖强度。

◆ 羽化：拖动滑块可以柔化蒙版的边缘。

◆ 选择并遮住：单击该按钮，可以打开"属性"面板，对蒙版边缘进行修改，并针对不同的背景查看蒙版，如图4-2所示。

◆ 颜色范围：单击该按钮，可以打开"色彩范围"对话框，此时可在图像中取样并调整颜色容差来修改蒙版范围，如图4-3所示。

图 4-2   图 4-3

◆ 反相：可以反转蒙版的遮盖区域。

◆ 从蒙版中载入选区 ⊙：单击该按钮，可以载入蒙版中包含的选区。

◆ 应用蒙版 ◈：单击该按钮，可以将蒙版应用到图像中，同时删除被蒙版遮盖的图像。

◆ 停用/启用蒙版 ◉：单击该按钮，或按住Shift键并单击蒙版的缩览图，可以停用（或重新启用）蒙版。停用蒙版时，蒙版缩览图上会出现一个红色的"×"，如图4-4所示。

图 4-4

◆ 删除蒙版 🗑：单击该按钮，可删除当前蒙版。将蒙版缩览图拖动到"图层"面板底部的 🗑 按钮上，也可以将其删除。

4.2 剪贴蒙版

剪贴蒙版需要至少两个图层才能够使用。其原理是使用处于下方图层（基底图层）的形状限制上方图层（内容图层）的显示内容。也就是说"基底图层"的形状决定了显示的形状，而"内容图层"则控制显示的图案，如图4-5和图4-6所示。

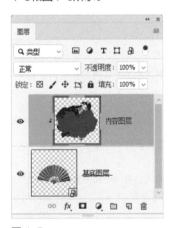

图 4-5

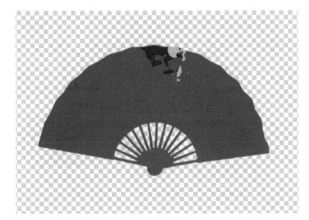

图 4-6

4.2.1 创建剪贴蒙版

在剪贴蒙版组中，基底图层只能有一个，而内容图层可以是多个。如果对基底图层的位置或大小进行调整，则会影响剪贴蒙版组的形态，如图4-7所示。而对内容图层进行增减或编辑，只会影响显示内容。如果内容图层小于基底图层，那么露出来的部分则显示为基底图层，如图4-8所示。

图 4-7

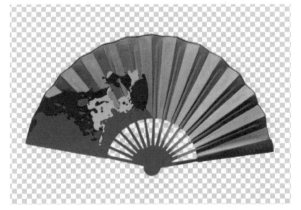

图 4-8

剪贴蒙版的最大优点是可以通过一个图层来控制多个图层的可见内容，而图层蒙版和矢量蒙版都只能控制一个图层的可见内容。

实战：创建剪贴蒙版

相关文件	实战\第4章\ 4.2.1 实战：创建剪贴蒙版
在线视频	第4章\4.2.1 实战：创建剪贴蒙版.mp4
技术看点	素材文件的置入、创建剪贴蒙版

扫码看视频

Step 01 启动Photoshop CC 2019软件，执行"文件"|"打开"命令，或按快捷键Ctrl+O，打开素材文件"江南.jpg"，效果如图4-9所示。

Step 02 执行"文件"|"置入嵌入对象"命令，将素材文件"白色.png"置入文档，并将其调整到合适的位置及大小，如图4-10所示。

图4-9　　　　　　　图4-10

Step 03 执行"文件"|"置入嵌入对象"命令，将素材文件"风景.jpg"置入文档，并将其调整到合适的位置及大小，如图4-11所示。

图4-11

? 答疑解惑：如何释放剪贴蒙版？

选择剪贴蒙版中基底图层上方的内容图层，执行"图层"|"释放剪贴蒙版"命令，或按快捷键Alt+Ctrl+G，即可释放全部剪贴蒙版。

Step 04 选择"风景"图层，执行"图层"|"创建剪贴蒙版"命令或按快捷键Ctrl+Alt+G，或按住Alt键，将鼠标指针移到"风景"和"白色"两图层之间，待鼠标指针变成 ↓□ 状态时单击即可为"风景"图层创建剪贴蒙版。此时该图层前有剪贴蒙版标识 ↓，如图4-12所示。

图4-12

? 答疑解惑：剪贴组中的图层顺序可以调整吗？

剪贴蒙版组中的内容图层顺序可以随意调整，但需要注意以下几点。

如果基底图层调整了位置，原本剪贴蒙版组的效果会发生改变。

内容图层一旦移动到基底图层的下方，就相当于释放了剪贴蒙版。

在已有剪贴蒙版的情况下，将一个图层拖动到基底图层上方，即可将其加入剪贴蒙版组。

4.2.2 设置剪贴蒙版的不透明度

剪贴蒙版组使用基底图层的不透明度属性，所以在调整基底图层的不透明度时，可以调整整个剪贴蒙版组的不透明度。

实战：调整剪贴蒙版内容的不透明度

相关文件	实战\第4章\ 4.2.2 实战：调整剪贴蒙版内容的不透明度
在线视频	第4章\4.2.2 实战：调整剪贴蒙版内容的不透明度.mp4
技术看点	创建剪贴蒙版、调整蒙版的不透明度

扫码看视频

Step 01　启动Photoshop CC 2019软件，执行"文件"|"打开"命令，或按快捷键Ctrl+O，打开素材文件"七夕.psd"，效果如图4-13所示。

Step 02　在"图层"面板中选择"七"文字图层右击，在弹出的快捷菜单中选择"栅格化文字"命令，将该文字图层栅格化，如图4-14所示。

图 4-13　　　　　　　　图 4-14

Step 03　打开素材文件"花.jpg"，放在"七"图层上方，并调整到合适大小及位置，然后按快捷键Ctrl+Alt+G向下创建剪贴蒙版，效果如图4-15所示。

图 4-15

Step 04　更改"七"图层的"不透明度"为50%。因为"七"图层为基底图层，更改其"不透明度"为50%，内容图层同样也会随之变透明，如图4-16所示。

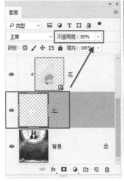

图 4-16

Step 05　将"七"图层的不透明度恢复到100%，接下来调整剪贴蒙版内容的不透明度为50%，该操作只会更改剪贴蒙版的不透明度而不会影响基底图层的不透明度，如图4-17所示。

图 4-17

4.2.3 设置剪贴蒙版的混合模式

剪贴蒙版使用基底图层的混合模式，当基底图层的混合模式为"正常"模式时，所有的图层会按照各自的混合模式与下面的图层混合。

实战：调整剪贴蒙版的混合模式

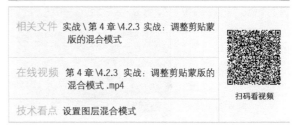

相关文件	实战\第 4 章\4.2.3 实战：调整剪贴蒙版的混合模式	
在线视频	第 4 章\4.2.3 实战：调整剪贴蒙版的混合模式 .mp4	扫码看视频
技术看点	设置图层混合模式	

Step 01　启动Photoshop CC 2019软件，执行"文件"|"打开"命令，或按快捷键Ctrl+O，打开素材文件"七夕.psd"，效果如图4-18所示。

图 4-18

Step 02 在"图层"面板中选择"七"图层,设置该图层的混合模式为"颜色加深"。在调整基底图层的混合模式时,整个剪贴蒙版中的图层都会使用该模式与下面的图层混合,如图4-19所示。

Step 03 将"七"图层的混合模式恢复为"正常",然后设置剪贴蒙版图层的混合模式为"强光",会发现仅对剪贴蒙版图层产生作用,不会影响其他图层,如图4-20所示。

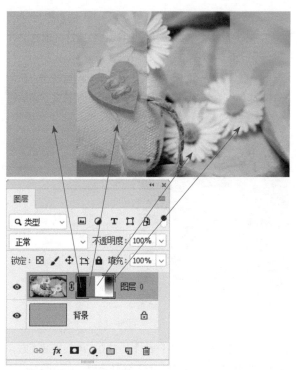

图 4-21

图 4-19

图 4-20

4.3 图层蒙版

图层蒙版是设计制图中常用的一项功能,该功能常通过隐藏图层的局部内容对画面进行局部修饰,或者制作合成作品。这种隐藏而非删除的编辑方式是一种非常方便的非破坏性编辑方式。

扫二维码查看图层蒙版讲解视频

在图层蒙版中,纯白色对应的图像是可见的,纯黑色会遮盖图像,灰色区域会使图像呈现出一定程度的透明效果(灰色越深,图像越透明),如图4-21所示。基于以上原理,当我们想要隐藏图像的某些区域时,为其添加一个蒙版,再将相应的区域涂黑即可;想让图像呈现出半透明效果,可以将蒙版涂灰。

图层蒙版是位图图像,几乎所有的绘画工具都可以编辑它。例如,用柔角画笔修改蒙版时,可以使图像边缘产生逐渐淡化的过渡效果,如图4-22所示;用渐变编辑蒙版、修改蒙版时,可以将当前图像逐渐融入另一个图像,图像之间的融合效果自然且平滑,如图4-23所示。

图 4-22

图 4-25

Step 02 在"图层"面板中，单击"添加图层蒙版" 按钮，或执行"图层"|"图层蒙版"|"显示全部"命令，为图层添加蒙版。此时蒙版颜色默认为白色，如图4-26所示。

4.3.1 创建图层蒙版

与剪贴蒙版的原理不同，图层蒙版只应用于一个图层。为某个图层添加图层蒙版后，可以通过在图层蒙版中绘制黑色或者白色来控制图层的显示与隐藏。

实战：通过图层蒙版合成海洋场景

相关文件	实战\第 4 章\ 4.3.1 实战：通过图层蒙版合成海洋场景
在线视频	第 4 章\4.3.1 实战：通过图层蒙版合成海洋场景 .mp4
技术看点	添加图层蒙版、蒙版填充

扫码看视频

Step 01 启动Photoshop CC 2019软件，执行"文件"|"打开"命令，或按快捷键Ctrl+O，打开素材文件"大海.jpg"和"帆船.jpg"，效果如图4-24和图4-25所示。

图 4-26

Step 03 将前景色设置为黑色，然后选择蒙版，按快捷键Alt+Delete将蒙版填充为黑色。此时"帆船"图层的图像内容被完全覆盖，图像窗口显示背景图像，如图4-27所示。

答疑解惑：图层蒙版可以用哪些颜色进行填充？

图层蒙版只能用黑色、白色及其中间的过渡色灰色来填充。在蒙版中，填充黑色即蒙住当前图层，显示当前图层以下的可见图层；填充白色则是显示当前层的内容；填充灰色则当前图层呈半透明效果，且灰色值越大，图层越透明。

图 4-24

图 4-27

Step 04 选择工具箱中的"渐变工具" ，在工具选项栏中编辑渐变为黑白渐变，将渐变模式调整为"线性渐变" ，将"不透明度"调整为100%，如图4-28所示。

图 4-28

Step 05 选择蒙版，垂直方向由下往上拉出黑白渐变，海上的帆船便出现了，如图4-29所示。

图 4-29

4.3.2 编辑图层蒙版

对于已有的图层蒙版，可以暂时停用蒙版、删除蒙版或取消蒙版与图层之间的链接，使图层和蒙版可以分别进行调整，还可以对蒙版进行复制或转移。图层蒙版的很多操作对矢量蒙版同样适用。

1. 链接图层蒙版

默认情况下，图层与图层蒙版之间带有一个链接按钮 ，如果此时对原图层进行变换操作，蒙版也会发生变化。如果想要在变换图层或蒙版时互不影响，可以单击链接按钮 取消链接。如果要恢复链接，可以在取消链接的地方单击，如图4-30和图4-31所示。

图 4-30

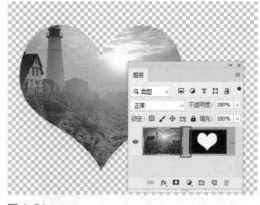

图 4-31

2. 应用图层蒙版

"应用图层蒙版"命令可以将蒙版效果应用于原图层，并且删除图层蒙版。执行此命令后，图像中对应蒙版中的黑色区域将删除，白色区域保留，而灰色区域将呈半透明效果。在图层蒙版缩览图上右击，选择"应用图层蒙版"命令，即可完成操作，如图4-32和图4-33所示。

图 4-32

图 4-33

3. 转移图层蒙版

"图层蒙版"是可以在图层之间转移的。在要转移的图层蒙版缩览图上按住鼠标左键，将其拖动到其他图层上，如图4-34所示。释放鼠标后，即可将该图层的蒙版转移到其他图层上，如图4-35所示。

图 4-34　　　　　图 4-35

4. 替换图层蒙版

将一个图层蒙版移动到另外一个带有图层蒙版的图层上，就可以替换该图层的图层蒙版，如图4-36至图4-38所示。

图 4-36　　　　　图 4-37

图 4-38

5. 复制图层蒙版

如果要将一个图层的蒙版复制到另外一个图层上，可以按住Alt键并将图层蒙版拖动到目标图层上，如图4-39和图4-40所示。

图 4-39　　　　　图 4-40

6. 载入蒙版的选区

按住Ctrl键并单击图层蒙版缩览图，可以将蒙版转换为选区，如图4-41和图4-42所示。蒙版中白色的部分为选区内，黑色的部分为选区以外，灰色为羽化的选区。

图 4-41

图 4-42

7. 图层蒙版与选区相加减

图层蒙版与选区可以相互转换，已有的图层蒙版可以被当作选区，与其他选区进行选区运算。如果当前图像中存在选区，如图4-43所示，此时在图层蒙版缩览图上右击可以看到3个关于蒙版与选区运算的命令，如图4-44所示。

图 4-43

图 4-44

执行其中任意一项命令，即可添加图层蒙版到选区，与现有选区进行加减，添加蒙版到选区的效果如图4-45所示，从选区中减去蒙版的效果如图4-46所示，蒙版与选区效交叉的效果如图4-47所示。

图 4-45

图 4-46

图 4-47

4.4 矢量蒙版

矢量蒙版与图层蒙版较为相似，都是依附于某一个图层或图层组，差别在于矢量蒙版是通过路径形状控制图像的显示区域，路径范围以内的区域显示，路径范围以外的区域隐藏。

？ 答疑解惑：矢量蒙版的边缘可以调整吗？

可以调整。因为是使用路径控制图层的显示与隐藏，所以默认情况下，带有矢量蒙版的图层边缘均为锐利的边缘。如果想要得到柔和的边缘，可以选中矢量蒙版，在"属性"面板中调整羽化数值。

4.4.1 以当前路径创建矢量蒙版

用户可以通过使用钢笔或形状工具在蒙版上绘制路径来控制图像的显示与隐藏，还可以随时调整形态，从而制作出精确的蒙版区域。

想要创建矢量蒙版，可以先在画面中绘制一个路径，如图4-48所示。然后执行"图层"|"矢量蒙版"|"当前路径"命令，即可基于当前路径为图层创建一个矢量蒙版。路径范围内的区域显示，路径范围外的区域被隐藏，如图4-49所示。

图 4-48

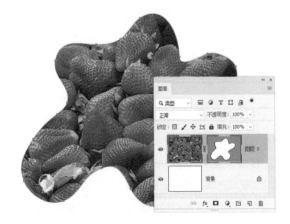

图 4-49

实战：创建矢量蒙版

相关文件	实战 \ 第 4 章 \ 4.4.1　实战：创建矢量蒙版
在线视频	第 4 章 \4.4.1　实战：创建矢量蒙版 .mp4
技术看点	创建与编辑矢量蒙版

扫码看视频

Step 01 启动Photoshop CC 2019软件，执行"文件"|"打开"命令，或按快捷键Ctrl+O，打开素材文件"背景.jpg"和"猫咪.jpg"，效果如图4-50和图4-51所示。

图 4-50

图 4-51

Step 02 在工具箱中选择"圆角矩形工具" □，在工具选项栏中设置"工作模式"为路径，然后在图像上绘制一个圆角矩形，如图4-52所示。这里可以调出标尺，方便对齐圆角矩形。

图 4-52

Step 03 在工具箱中选择"路径选择工具" ▶，按住Alt+Shift组合键并沿水平和垂直方向拖动复制多个圆角矩形路径，可根据自身需求任意排列，效果如图4-53所示。

Step 04 执行"图层"|"矢量蒙版"|"当前路径"命令，或按住Ctrl键并单击"图层"面板中的"添加图层蒙版"按

钮 ▣，即可基于当前路径创建矢量蒙版，路径区域以外的图像会被蒙版遮盖，如图4-54所示。

图 4-53

图 4-54

Step 05 双击矢量蒙版图层，打开"图层样式"对话框，勾选"描边"复选框，并在右侧的"参数"面板中参照图4-55设置描边参数。

Step 06 在左侧列表中勾选"内阴影"复选框，并在右侧的"参数"面板中参照图4-56设置内阴影参数。

图 4-55

图 4-56

Step 07 设置完成后，单击"确定"按钮保存样式。可以使用"路径选择工具" ▶ 将圆角矩形方框调节得更加紧凑一些，效果如图4-57所示。

图 4-57

4.4.2 编辑矢量蒙版

矢量蒙版只能用锚点编辑工具和钢笔工具来编辑。如果要用绘画工具或是滤镜修改蒙版，可为蒙版执行"图层"|"栅格化"|"矢量蒙版"命令，将矢量蒙版栅格化，使它转换为图层蒙版。栅格化对于矢量蒙版而言，就是将矢量蒙版转换为图层蒙版，是一个将矢量对象栅格化为像素的过程。

此外，在矢量蒙版缩览图上右击，在弹出的快捷菜单中选择"栅格化矢量蒙版"命令，如图4-58所示。也可以将矢量蒙版转换为图层蒙版，如图4-59所示。

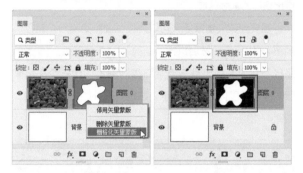

图 4-58　　　　　　　　　图 4-59

4.4.3 创建新的矢量蒙版

按住Ctrl键并单击"图层"面板底部的 ▣ 按钮，可以为图层添加一个新的矢量蒙版，如图4-60所示。当图层已有图层蒙版时，再次单击"图层"面板底部的 ▣ 按钮，则可以为该图层创建出一个矢量蒙版。从左至右，第一个蒙版缩览图为图层蒙版，第二个蒙版缩览图为矢量蒙版，如图4-61所示。

图 4-60　　　　　　　　　图 4-61

创建矢量蒙版后，单击矢量蒙版缩览图，可以使用钢笔工具或形状工具在矢量蒙版中绘制路径。矢量蒙版的编辑主要是指对矢量蒙版中路径的编辑，除了可以使用钢笔、形状工具在矢量蒙版中绘制形状以外，还可以通过调整路径锚点的位置来改变矢量蒙版的外形，或者通过变换路径调整其角度大小等。

实战：为矢量蒙版添加图形

相关文件	实战 \ 第 4 章 \ 4.4.3 实战：为矢量蒙版添加图形
在线视频	第 4 章 \4.4.3 实战：为矢量蒙版添加图形 .mp4
技术看点	编辑矢量蒙版

扫码看视频

Step 01 启动Photoshop CC 2019软件，执行"文件"|"打开"命令，或按快捷键Ctrl+O，打开素材文件"添加图形.psd"，如图4-62所示。

图 4-62

Step 02 单击矢量蒙版缩览图，进入蒙版编辑状态，此时缩览图会出现一个外框，如图4-63所示。

图 4-63

Step 03 在工具箱中选择"自定形状工具" ⚙，在工具选项栏中设置"工具模式"为路径，打开"自定形状"拾色器，在面板中选择"爪印（猫）"图形 🐾，在对象上绘制该图形，将它添加到矢量蒙版中，如图4-64所示。

图 4-64

Step 04 按快捷键Ctrl+T显示定界框，拖动控制点将图形旋转并适当缩小，如图4-65所示。

Step 05 使用"路径选择工具" ▶ 拖动矢量图形可将其移动，蒙版覆盖区域也随之改变；按住Alt键并拖动复制图形，如图4-66所示；如果要删除图形，可在选择之后按Delete键。

图 4-65

图 4-66

Step 06 用同样的方法，在面板中选择其他形状，并在对象上方进行绘制，丰富画面效果，如图4-67所示。

图 4-67

4.5 快速蒙版

在Photoshop中，使用快速蒙版工具创建出的对象是选区，但是使用快速蒙版工具创建选区的方式与使用其他工具创建选区的方式有所不同。

在Photoshop CC 2019工作界面

扫二维码查看快速蒙版的讲解视频

中，单击工具箱底部的"以快速蒙版模式编辑"按钮 ，或按快捷键Q，待按钮变为 状态，表示此时已经处于"快速蒙版编辑模式"，如图4-68所示。

图 4-68

在该模式下可以使用"画笔工具" 、"橡皮擦工具" 、"渐变工具" 和"油漆桶工具" 等工具在当前的画布上进行绘制。快速蒙版编辑模式下只能使用黑、白、灰进行绘制。使用黑色绘制的部分在画面中呈现出被透明的红色所覆盖的效果，如图4-69所示；使用白色画笔可以擦掉红色部分，如图4-70所示。

图 4-69

图 4-70

绘制完成后，再次单击工具箱中的"以标准模式编辑"按钮 ，或按快捷键Q，退出快速蒙版编辑模式。得

到红色以外的选区，如图4-71所示。接着可以为这部分选区填充颜色，观察效果，如图4-72所示。

图 4-71

图 4-72

在快速蒙版状态下不仅可以使用绘制工具，还可以使用部分滤镜和调色命令对快速蒙版的内容进行调整。这种调整就相当于把快速蒙版作为一个黑白图像，被涂抹的区域为黑色，为选区以外；未被涂抹的区域为白色，为选区之内。所以，这就相当于对快速蒙版这一"黑白图像"进行滤镜操作，可以得到各种各样的效果，如图4-73所示。

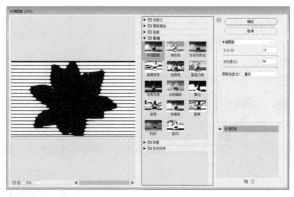

图 4-73

实战：使用快速蒙版制作趣味图

相关文件	实战 \ 第 4 章 \4.5 实战：使用快速蒙版制作趣味图	
在线视频	第 4 章 \4.5 实战：使用快速蒙版制作趣味图 .mp4	扫码看视频
技术看点	魔快速蒙版模式、彩色半调命令	

Step 01 启动Photoshop CC 2019软件，执行"文件"|"新建"命令，新建一个高为600像素，宽为800像素，分辨率为72像素/英寸的空白文档。

Step 02 执行"文件"|"置入嵌入对象"命令，将素材文件"猫.jpg"置入文档，调整到合适的位置及大小，并将其对应的图层进行栅格化，如图4-74所示。

图 4-74

Step 03 在"猫"图层选中状态下，按快捷键Q进入快速蒙版模式，设置前景色为黑色，然后使用"画笔工具" 🖌 在画面中涂抹绘制出一些不规则的区域，如图4-75所示。

图 4-75

Step 04 执行"滤镜"|"像素化"|"彩色半调"命令，在打开的对话框中设置"最大半径"为50像素，设置"通道1"为108，设置"通道2"为162，设置"通道3"为90，设置"通道4"为45，如图4-76所示。

图 4-76

Step 05 完成设置后单击"确定"按钮，此时可以看到快速蒙版的边缘出现了许多圆点，如图4-77所示。

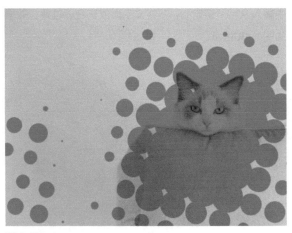

图 4-77

Step 06 按快捷键Q退出快速蒙版编辑模式，此时画面中会出现选区，如图4-78所示。

图 4-78

Step 07 按Delete键将选区中的内容删除，得到的效果如图4-79所示。

图 4-79

Step 08 在工具箱中选择"直排文字工具" ⬇T ，选择合适字体，设置字体大小为190点，设置文字颜色为紫色（R:128,G:57,B:209）。完成文字的设置后，在文档中输入文字"萌宠"，并将文字摆放在合适位置，效果如图4-80所示。

图4-80

Step 09 在工具箱中选择"自定形长工具" 🔊，在工具选项栏中设置填充为粉色（R:255,G:196,B:182），设置描边为0像素，然后单击"形状"选项后的 ☑ 按钮，在弹出的面板中选择"爪印（猫）"图形 🐾。完成设置后，在文档中绘制一些猫爪图形，丰富画面，最终效果如图4-81所示。

图4-81

4.6 本章小结

通过本章的学习，我们可以利用图层蒙版和剪贴蒙版等实现对图层部分元素的"隐藏"操作。在设计的过程中，我们经常需要对同一图层进行多次处理，版面中某个元素的变动，可能就会导致之前制作好的图层仍然需要调整。如果在之前的操作中对暂时不需要的局部图像进行了误删，一旦需要找回这部分内容就会非常麻烦。而有了蒙版这一非破坏性的"隐藏"功能，就能有效帮助我们进行非破坏性的编辑操作。

4.7 课后习题

4.7.1 课后习题：戴眼镜的猫咪

相关文件	课后习题 \ 第 4 章 \4.7.1 课后习题：戴眼镜的猫咪
在线视频	第 4 章 \4.7.1 课后习题：戴眼镜的猫咪 .mp4

扫码看视频

本习题主要练习使用剪贴蒙版为图像制作特殊效果。剪贴蒙版可以用一个图层中包含像素的区域来限制它上层图像的显示范围，它的最大优点是可以通过一个图层来控制多个图层的可见内容，而图层蒙版和矢量蒙版都只能控制一个图层的可见内容。操作步骤如下。

Step 01 启动Photoshop CC 2019软件，执行"文件"|"打开"命令，或按快捷键Ctrl+O，打开素材文件"猫咪.psd"，效果如图4-82所示。

图4-82

Step 02 在"图层"面板中选择"背景"图层，使用"椭圆工具" ⬭ 在左边眼镜上绘制一个白色无描边的圆形，如图4-83所示。

图4-83

Step 03 按住Ctrl+Alt组合键，将上述步骤中绘制的圆形拖动复制一个，放置到右边的眼镜上，使两个圆形始终存在于同一图层中，如图4-84所示。

图 4-84

Step 04 在"图层"面板中选择"云"图层，并恢复图层为显示状态，然后按快捷键Ctrl+Alt+G向下创建剪贴蒙版，得到的最终效果如图4-85所示。

图 4-85

4.7.2 课后习题：疯狂的足球

| 相关文件 | 课后习题 \ 第 4 章 \4.7.2 课后习题：疯狂的足球 |
| 在线视频 | 第 4 章 \4.7.2 课后习题：疯狂的足球 .mp4 |

扫码看视频

　　本习题主要练习图层蒙版的使用。在Photoshop中创建图层蒙版后，用户不仅可以更改蒙版中的图像，还可以在不同图层之间进行移动与复制。操作步骤如下。

Step 01 启动Photoshop CC 2019软件，执行"文件"|"打开"命令，或按快捷键Ctrl+O，打开素材文件"足球.psd"，如图4-86所示。

图 4-86

Step 02 在"图层"面板中选择"图层1"的蒙版，将其拖动到"图层2"中，即可实现蒙版的转移操作，如图4-87所示。

图 4-87

Step 03 按住Alt键并拖动"图层2"的蒙版至"图层1"上方，即可拷贝图层蒙版，如图4-88所示。

图 4-88

第05章 通道

在Photoshop中，通道的主要功能是保存颜色数据，也可以用来保存和编辑选区。通道功能强大，因此在制作图像特效方面应用广泛，但同时也最难理解和掌握。本章将为各位读者介绍Photoshop通道的分类、作用以及其在实际工作中的应用方法。

5.1 通道的类型

通道是Photoshop中的高级功能，它与图像的内容、色彩和选区有关。打开一个图像文件，执行"窗口"|"通道"命令，将打开"通道"面板，该面板是创建和编辑通道的主要场所，如图5-1所示。

扫二维码查看通道的讲解视频

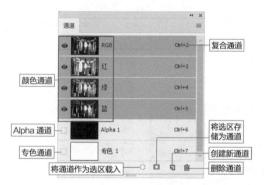

图 5-1

◆ 复合通道：复合通道不包含任何信息，实际上它只是可以实现同时预览并编辑所有颜色通道的一个快捷方式。复合通道通常被用来在单独编辑完一个或多个颜色通道后，使"通道"面板返回到默认状态。

◆ 颜色通道：用来记录图像颜色信息的通道。

◆ 专色通道：用来保存专色油墨的通道。

◆ Alpha通道：用来保存选区的通道。

◆ 将通道作为选区载入 ○：单击该按钮，可以载入所选通道内的选区。

◆ 将选区存储为通道 □：单击该按钮，可以将图像中的选区保存在通道内。

◆ 创建新通道 ▣：单击该按钮，可创建新的Alpha通道。

◆ 删除通道 ⑩：单击该按钮，可删除当前选择的通道，但复合通道不能删除。

Photoshop提供了3种类型的通道，分别是颜色通道、Alpha通道和专色通道，下面详细介绍这几种通道的特征和主要用途。

5.1.1 颜色通道

颜色通道也称为原色通道，主要用于保存图像的颜色信息。图像的颜色模式不同，颜色通道的数量也不相同。RGB图像包含红、绿、蓝和一个用于编辑图像内容的复合通道（RGB通道），如图5-2所示。CMYK图像包含青色、洋红、黄色、黑色和一个复合通道（CMYK通道），如图5-3所示。Lab图像包含明度、a、b和一个复合通道（Lab通道），如图5-4所示。位图、灰度、双色调和索引颜色的图像都只有一个通道。

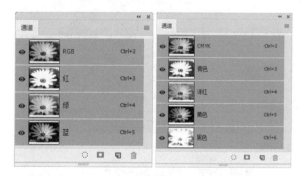

图 5-2   图 5-3

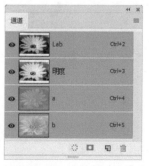

图 5-4

?? 答疑解惑：如何转换颜色模式？

要转换不同的颜色模式，执行"图像"|"模式"命令，在子菜单中选择相应的模式即可。

84

5.1.2 **Alpha通道**

Alpha通道的使用频率非常高，而且使用起来非常灵活，其最为重要的功能就是保存并编辑选区。

Alpha通道用于创建和存储选区。一个选区保存后会成为一个灰度图像保存在Alpha通道中，在需要时可载入图像继续使用。我们可以添加Alpha通道来创建和存储蒙版，这些蒙版可以用于处理或保护图像的某些部分。Alpha通道与颜色通道不同，它不会直接影响图像的颜色。

在Alpha通道中，白色代表被选择的区域，黑色代表未被选择的区域，而灰色则代表被选择的部分区域，即羽化的区域。图5-5所示为一个图像的Alpha通道，图5-6所示为载入该通道的选区后，填充黑色的效果。

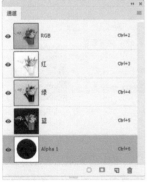

图 5-5

图 5-6

Step 01 启动Photoshop CC 2019软件，执行"文件"|"打开"命令，或按快捷键Ctrl+O，打开素材文件"花.jpg"，效果如图5-7所示。

图 5-7

Step 02 在"通道"面板中，单击"创建新通道"按钮 ，即可新建一个Alpha通道，如图5-8所示。

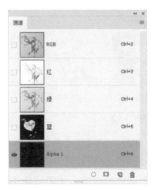

图 5-8

Step 03 如果在当前文档中创建了选区，如图5-9所示，此时单击"通道"面板中的"将选区存储为通道"按钮 ，可以将选区保存为Alpha通道，如图5-10所示。

Step 04 单击"通道"面板中右上角的 按钮，从打开的面板菜单中选择"新建通道"命令，打开"新建通道"对话框，如图5-11所示。

Step 05 输入新通道的名称，单击"确定"按钮，也可得到新建的Alpha通道，如图5-12所示。

图 5-9

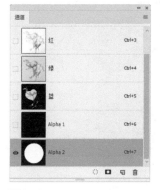

图 5-10

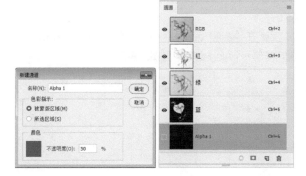

图 5-11　　　　　　图 5-12

5.1.3 专色通道

专色通道是用来保存专色信息的通道，主要应用于印刷领域。当需要在印刷物上加上一种特殊的颜色（如银色、金色）时，用户就可以创建专色通道来存放专色油墨的浓度、印刷范围等信息。

当需要创建专色通道时，用户可以执行面板菜单中的"新建专色通道"命令，打开"新建专色通道"对话框，如图5-13所示。

图 5-13

◆ 名称：用来设置专色通道的名称。如果选取自定义颜色，通道名称将自动采用该颜色的名称，这有利于其他应用程序识别它们。如果修改了通道的名称，可能无法打印该文件。

◆ 颜色：单击该选项右侧的色块按钮，可打开"拾色器（专色）"对话框，如图5-14所示。

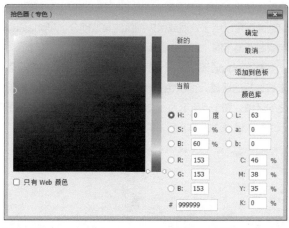

图 5-14

◆ 密度：用来在屏幕上模拟印刷后专色的密度，设置范围为0~100%。当该值为100%时可模拟完全覆盖下层油墨；当该值为0时可模拟完全显示下层油墨的透明油墨。

实战：创建专色通道

相关文件	实战\第5章\5.1.3 实战：创建专色通道	
在线视频	第5章\5.1.3 实战：创建专色通道.mp4	扫码看视频
技术看点	创建专色通道	

Step 01 启动Photoshop CC 2019软件，执行"文件"|"打开"命令，或按快捷键Ctrl+O，打开素材文件"采茶.jpg"。使用"魔棒工具" 单击白色背景，建立选区，如图5-15所示。

图 5-15

Step 02 执行"窗口"|"通道"命令，打开"通道"面板。在"通道"面板中，单击右上角的 ≡ 按钮，在面板菜单中选择"新建专色通道"命令，如图5-16所示。

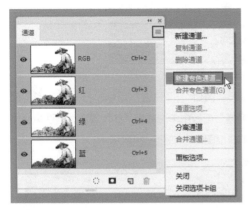

图 5-16

Step 03 打开"新建专色通道"对话框，在其中可以设置专色通道的名称。单击"颜色"右侧的色块图标，将打开"拾色器（专色）"对话框，在其中单击"颜色库"按钮，如图5-17所示。

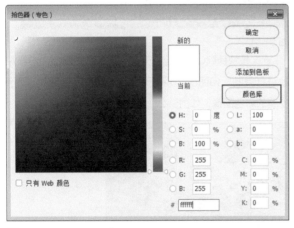

图 5-17

Step 04 打开"颜色库"对话框，可以在色库列表中选择一个合适的色库，每个色库都有很多预设颜色，选择任意一种颜色，单击"确定"按钮，如图5-18所示。

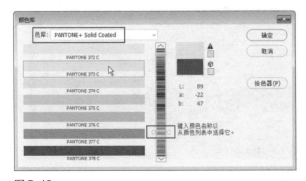

图 5-18

Step 05 回到"新建专色通道"对话框，在该对话框中可以通过调整"密度"数值来设置颜色的浓度，如图5-19所示。

图 5-19

Step 06 完成设置后，单击"确定"按钮。至此，专色通道就创建完成了，画面效果如图5-20所示。

图 5-20

?? **答疑解惑：如何编辑与修改专色？**

创建专色通道后，用户可以使用绘图或编辑工具在图像中进行绘画。用黑色绘画可添加更多不透明度为100%的专色；用灰色绘画可添加不透明度较低的专色。绘画或编辑工具选项中的不透明度选项决定了用于打印输出的实际油墨浓度。如果要修改专色，可以双击专色通道的缩览图，在打开的"专色通道选项"对话框中进行调整。

5.2 编辑通道

本节将介绍如何使用"通道"面板和面板菜单中的命令来创建通道，并对通道进行复制、删除、分离与合并等操作。

5.2.1 选择通道

在"通道"面板中单击即可选中某一通道，选择通道后，画面中会显示该通道的灰度图像，如图5-21所示。

单击某一通道后，会自动隐藏其他通道。如果想要观察整个画面的全通道效果，可以单击最顶部复合通道前的按钮，使之变为显示状态 ◉ 。这里需要注意的是，隐藏任何一个颜色通道时，复合通道都会被隐藏。如果同时选择两个通道，那么在画面中会显示这两个通道的复合图像，如图5-22所示。

图 5-21

图 5-22

图 5-23

Step 02 执行"窗口"|"通道"命令，打开"通道"面板，在"通道"面板中单击选择"红"通道，画面中会显示该通道的灰度图像，如图5-24所示。

图 5-24

Step 03 按快捷键Ctrl+A全选对象，再按快捷键Ctrl+C将对象进行复制，如图5-25所示。单击RGB复合通道，显示完整的彩色图像，如图5-26所示。

图 5-25

？ **答疑解惑：如何快速选择通道？**

按Ctrl+数字键可以快速选择通道。例如，如果图像为RGB模式，按快捷键Ctrl+3可以选择红通道，按快捷键Ctrl+4可以选择绿通道，按快捷键Ctrl+5可以选择蓝通道。如果要回到RGB复合通道，可以按快捷键Ctrl+2。

实战：将通道中的内容粘贴到图像中

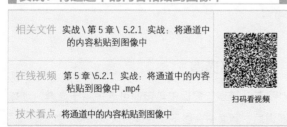

相关文件	实战\第5章\ 5.2.1 实战：将通道中的内容粘贴到图像中
在线视频	第 5 章 \5.2.1 实战：将通道中的内容粘贴到图像中 .mp4
技术看点	将通道中的内容粘贴到图像中

扫码看视频

Step 01 启动Photoshop CC 2019软件，执行"文件"|"打开"命令，或按快捷键Ctrl+O，打开素材文件"纸船.jpg"，如图5-23所示。

图 5-26

Step 04 在"图层"面板中，按快捷键Ctrl+V，即可将通道中的灰度图像粘贴到一个新图层中，如图5-27所示。

图 5-27

Step 05 在"图层"面板中，调整黑白图像的混合模式为"浅色"，通过这样的方式可以制作特殊的色调效果，如图5-28所示。

图 5-28

5.2.2 用原色显示通道

在默认情况下，"通道"面板中的原色通道均以灰度显示，但如果需要，通道也可用原色进行显示，即红色通道用红色显示，绿色通道用绿色显示。

执行"编辑"|"首选项"|"界面"命令，打开"首选项"对话框，勾选"用彩色显示通道"复选框，如图5-29所示。单击"确定"按钮退出对话框，即可在"通道"面板中看到用原色显示的通道，图5-30所示为原"通道"面板和用原色显示"通道"面板的对比效果。

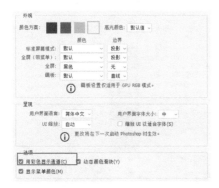

图 5-29

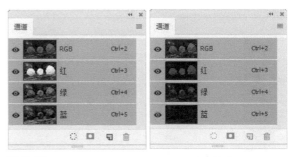

图 5-30

5.2.3 同时显示Alpha通道和图像

单击Alpha通道后，图像窗口会显示该通道的灰度图像，如图5-31所示。如果想要同时查看图像和通道的内容，可以在显示Alpha通道后，单击复合通道前的 ◉ 按钮，Photoshop会显示图像并以一种颜色替代Alpha通道的灰度图像，效果类似于在快速蒙版模式下的选区，如图5-32、图5-33所示。

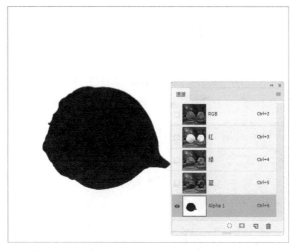

图 5-31

图 5-32

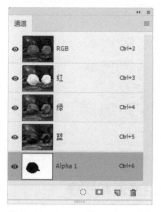

图 5-33

选择"强化的边缘"选项，并参照图5-36设置边缘参数，可栅格化矢量蒙版，并将其转换为图层蒙版。

图 5-35

实战：将Alpha通道载入选区进行图像校色

相关文件	实战\第5章\ 5.2.3 实战：将 Alpha 通道载入选区进行图像校色
在线视频	第 5 章 \5.2.3 实战：将 Alpha 通道载入选区进行图像校色 .mp4
技术看点	通道载入选区、图像校色

扫码看视频

Step 01 启动Photoshop CC 2019软件，执行"文件"|"打开"命令，或按快捷键Ctrl+O，打开素材文件"鸟.psd"，并打开"通道"面板，如图5-34所示。

图 5-34

Step 02 按住Ctrl键并单击"Alpha 1"通道，将其载入选区，如图5-35所示。

Step 03 按快捷键Ctrl+Shift+I反选选区。按快捷键Ctrl+J，拷贝选区内容，为"图层1"执行"滤镜"|"滤镜库"命令打开"滤镜库"对话框，在"画笔描边"组中

Step 04 设置完毕后，单击"确定"按钮，设置"图层1"的混合模式为"（颜色）减淡（添加）"，最终效果如图5-37所示。

图 5-36   图 5-37

5.2.4 重命名和删除通道

双击"通道"面板中某一通道的名称，在显示的文本输入框中可为其输入新的名称，如图5-38所示。

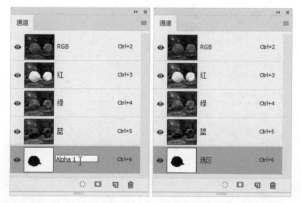

图 5-38

删除通道的方法很简单：将要删除的通道拖动至"删除与前通道" 🗑 按钮上，或者选中通道后右击，在弹出的快捷菜单中选择"删除通道"命令即可。

要注意的是，如果删除的不是Alpha通道而是颜色通道，则图像将转为多通道颜色模式，图像颜色也将发生变化。图5-39所示为删除了蓝色通道后，图像变为只有3个通道的多通道模式图像效果。

图 5-39

5.2.5 分离通道

分离通道命令可以将当前文档中的通道分离成多个单独的灰度图像。打开一张素材图像，如图5-40所示。切换到"通道"面板，单击面板右上角的 ≡ 按钮，在打开的面板菜单中选择"分离通道"命令，如图5-41所示。

图 5-40　　　　　　　图 5-41

此时，会看到图像编辑窗口中的原图像消失，取而代之的是单个通道出现在单独的灰度图像窗口，如图5-42所示。新窗口中的标题栏中，会显示原文件保存的路径及通道，此时用户可以存储和编辑新图像。

图 5-42

5.2.6 合并通道

"合并通道"命令可以将多个灰度图像作为原色通道合并成一个图像。进行合并的图像必须是灰度模式，具有相同的像素尺寸并且处于打开状态。继续上一节的操作，我们可以将分离出来的3个原色通道文档合并成为一个图像。

确定包含命令的通道的灰度图像文件呈打开状态，并使其中一个图像文件处于当前激活状态，然后在"通道"面板菜单中选择"合并通道"命令，如图5-43所示。

图 5-43

打开"合并通道"对话框，在模式选项栏中可以设置合并图像的颜色模式，如图5-44所示。颜色模式不同，进行合并的图像数量也不同，这里将模式设置为"RGB颜色"，单击"确定"按钮，开始合并操作。

图 5-44

打开"合并RGB通道"对话框，分别指定合并文件所处的通道位置，如图5-45所示。

图 5-45

单击"确定"按钮，选中的通道合并为指定类型的新图像，原图像则在不做任何更改的情况下关闭。新图像会以未标题的形式出现在新窗口中，如图5-46所示。

图 5-46

5.3 本章小结

通过本章的学习，我们可以了解通道的工作原理。利用通道与选区的关系，我们可以制作出各种复杂的图像选区，还可以利用通道进行调色。除此之外，专色通道的创建与使用也是印刷设计行业必须要了解的知识。

5.4 课后习题

5.4.1 课后习题：斑斓玫瑰

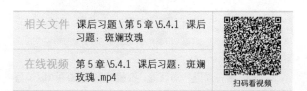

相关文件 课后习题 \ 第 5 章 \5.4.1 课后习题：斑斓玫瑰

在线视频 第 5 章 \5.4.1 课后习题：斑斓玫瑰 .mp4

扫码看视频

本习题主要练习通过合并通道创建彩色图像。在

Photoshop中，多个灰度图像可以合并为一个图像的通道，并创建为彩色图像。但需要注意的是，图像必须是灰度模式，具有相同的像素尺寸并且处于打开的状态。操作步骤如下。

Step 01 启动Photoshop CC 2019软件，执行"文件"|"打开"命令，或按快捷键Ctrl+O，打开素材文件"红.jpg""蓝.jpg""绿.jpg"，如图5-47、图5-48、图5-49所示。

图 5-47

图 5-48

图 5-49

Step 02 单击任意图像"通道"面板右上角的 ≡ 按钮，在打开的面板菜单中选择"合并通道"命令，打开"合并通道"对话框，调整"模式"为"RGB颜色"，如图5-50所示，单击"确定"按钮。

图 5-50

Step 03 打开"合并RGB通道"对话框，设置各个颜色对应的图像文件，如图5-51所示。

图 5-51

Step 04 单击"确定"按钮，将它们合并为一个彩色的
RGB图像文件，如图5-52和图5-53所示。

图 5-52

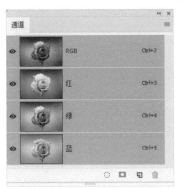

图 5-53

5.4.2 课后习题：用设定通道抠取花瓶

相关文件	课后习题 \ 第 5 章 \5.4.2 课后 习题：用设定通道抠取花瓶	
在线视频	第 5 章 \5.4.2 课后习题：用设 定通道抠取花瓶 .mp4	扫码看视频

　　本习题主要练习使用设定通道抠取花瓶图像。操作步
骤如下。

Step 01 启动Photoshop CC 2019软件，执行"文

件"|"打开"命令，或按快捷键Ctrl+O，打开素材文件
"花瓶.psd"，效果如图5-54所示。

图 5-54

Step 02 在"图层"面板中，单击"背景"图层后方的 🔒
按钮，将其转换为普通图层，对应将得到"图层0"，如图
5-55所示。

图 5-55

Step 03 在"通道"面板中，分别单击"红""绿""蓝"
通道，观察图像效果，如图5-56、图5-57、图5-58
所示。

图 5-56

图 5-57

图 5-58

0）不被破坏，如图5-63所示。

图 5-60

图 5-61

Step 04 在"图层"面板中双击"图层0"，打开"图层样式"对话框，在"混合颜色带"下拉列表框中选择"蓝"通道，向左侧拖动"本图层"组中的白色滑块，然后单击"确定"按钮，即可隐藏图像中的蓝色背景，如图5-59和图5-60所示。

图 5-62

图 5-59

Step 05 在"图层"面板中，图像缩览图仍然保留了背景，如图5-61所示。由此可知，蓝色背景只是被暂时隐藏了，下面来创建一个真正删除背景的透明图像。

Step 06 在"图层0"图层上方新建一个图层，如图5-62所示。按快捷键Alt + Ctrl+Shift+E盖印可见图层，这样既能将混合结果盖印到新建的图层当中，又能让原图层（图层

图 5-63

文字是设计作品中常见的元素，它不仅可以传达信息，还能美化版面和强化主题。Photoshop软件具备强大的文字创建与编辑功能，内置多种文字工具可供用户使用，更有多个参数设置面板可用来修改文字效果。本章将向各位读者介绍不同类型文字的创建方法以及文字属性的编辑方法。

6.1 文字的创建

Photoshop CC 2019中的文字工具包括"横排文字工具" **T** 、"直排文字工具" **IT** 、"直排文字蒙版工具" **IT** 和"横排文字蒙版工具" **T** 这4种。其中，"横排文字工具" **T** 和"直排文字工具" **IT** 用来创建点文字、段落文字和路径文字，"横排文字蒙版工具" **T** 和"直排文字蒙版工具" **IT** 用来创建文字选区。

6.1.1 文字工具选项栏

在使用文字工具输入文字前，需要在工具选项栏或"字符"面板中设置字符的属性，包括字体、文字大小和文字颜色等。图6-1所示为"横排文字工具"选项栏。

图 6-1

◆ 切换文本取向 **IT**：单击该按钮可以将横排文字转换为直排文字，或者将直排文字转换为横排文字。

◆ 设置字体 **华文行楷**：展开该选项的下拉列表框，可以选择一种字体（系统安装了的字体）。

◆ 设置字体样式：字体样式是单个字体的变体，包括Regular（规则的）、Italic（斜体）、Blod（粗体）、Blod Italic（粗斜体）和Black（黑体）等，该选项只对部分英文字体有效。

◆ 设置文字大小 **T 200点**：可以调整文字的大小。

◆ 设置文本颜色：单击颜色块，可以打开"拾色器（文本颜色）"对话框设置文字的颜色。

◆ 创建文字变形 **工**：单击该按钮，可以打开"变形文字"对话框，为文本添加变形样式，从而创建变形文字。

◆ 切换字符和段落面板 **▤**：单击该按钮，可以显示或隐藏"字符"和"段落"面板。

◆ 对齐文本 **▤ ▤ ▤**：根据输入文字时鼠标单击的位置来对齐文本，包括左对齐文本、居中对齐文本和右对齐文本。

> **?? 答疑解惑：在工具选项栏中设置文字参数有顺序要求吗？**
>
> 没有顺序要求。用户可以先在选项栏中设置合适参数，再进行文字的输入；也可以在文字制作完成后，选中文字对象，再到选项栏中更改参数。

6.1.2 点文字

点文字是常用的一种文本形式。在点文字输入状态下，输入的文字会一直沿着横向或纵向进行排列，如果输入的文字过多，甚至会超出画面显示区域。遇到这种情况，用户需要按Enter键进行换行。点文字适用于较短文字的输入，例如文章标题、海报上少量的宣传文字和艺术字等，如图6-2和图6-3所示。

图 6-2

图 6-3

实战：创建点文字

相关文件	实战 \ 第 6 章 \ 6.1.2 实战：创建点文字
在线视频	第 6 章 \6.1.2 实战：创建点文字 .mp4
技术看点	点文字的创建与编辑

扫码看视频

Step 01 启动Photoshop CC 2019软件，执行"文件" | "打开"命令，或按快捷键Ctrl+O，打开素材文件"背景.jpg"，效果如图6-4所示。

Step 02 在工具箱中选择"横排文字工具" T ，在工具选项栏中设置字体为"汉仪糯米团"，设置"字体大小"为300点，设置文字颜色为白色。然后在需要输入文字的位置单击，设置插入点，画面中会出现一个闪烁的"I"形光标，如图6-5所示。

图 6-4 图 6-5

Step 03 上述操作完成后，在文档中输入文字"浓情一口丝滑享受"，如图6-6所示。

图 6-6

Step 04 在"口"和"丝"字中间单击，按Enter键对文字进行换行，并用空格键调整文字位置，效果如图6-7所示。

Step 05 在"横排文字工具" T 选中状态下，框选"丝滑"二字，如图6-8所示。

图 6-7 图 6-8

Step 06 在文字工具选项栏中重设文字颜色为黄色（R:255,G:186,B:39），如图6-9所示。

图 6-9

6.1.3 段落文字

段落文字可以使文字限定在一个矩形范围内，在这个矩形区域中，文字会自动进行换行，并且文字的大小可以很方便地进行调整。段落文字配合对齐方式的设置，可以制作出整齐排列的文字效果。段落文字常用于书籍、杂志、报纸或其他包含大量排列整齐文字的版面设计，如图6-10所示。

图 6-10

实战：创建段落文字	
相关文件	实战\第6章\6.1.3 实战：创建段落文字
在线视频	第6章\6.1.3 实战：创建段落文字.mp4
技术看点	段落文字的创建与编辑

扫码看视频

Step 01 启动Photoshop CC 2019软件，执行"文件"|"打开"命令，或按快捷键Ctrl+O，打开素材文件"背景.jpg"，效果如图6-11所示。

Step 02 在工具箱中选择"横排文字工具" **T**，在工具选项栏中设置字体为"方正粗倩_GBK"，设置"字体大小"为70点，设置文字颜色为白色。完成设置后，在画面中单击并向右下角拖出一个定界框，释放鼠标后，会出现闪烁的"I"光标，如图6-12所示。

Step 03 此时可输入文字，当文字达到文本框边界时会自动换行，如图6-13所示。

Step 04 单击工具选项栏中的 ✓ 按钮，即可完成段落文本

的创建，如图6-14所示。

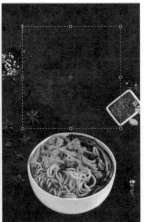

图 6-11　　　　　　　图 6-12

图 6-13　　　　　　　图 6-14

?? 答疑解惑：如何精确定义文字区域的大小？

在拖动鼠标定义文本区域时，如果同时按住Alt键，会打开"段落文字大小"对话框，在对话框中输入"宽度"和"高度"值，即可精确定义文字区域的大小。

6.1.4 变形文字

在制作艺术字效果时，经常需要对文字进行变形。利用Photoshop提供的"创建文字变形"功能，可以将文字转换为波浪形、球形等各种形状，得到富有动感的文字特效。

在文字工具选项栏中单击"创建文字变形"按钮 **工**，可打开图6-15所示的"变形文字"对话框，利用该对话框中的样式可以制作出各种弯曲变形的艺术文字，如图6-16所示。

图 6-15

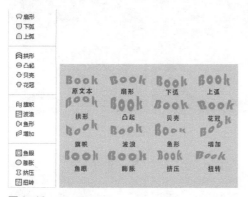

图 6-16

要取消文字的变形，可以打开"变形文字"对话框，在"样式"下拉列表框中选择"无"选项，单击"确定"按钮关闭对话框，即可取消文字的变形。

？ 答疑解惑：如何重置变形文字？

使用"横排文字工具" **T** 和"直排文字工具" **↓T** 创建的文本，只要保持文字的可编辑性，即没有将其栅格化、转换成为路径或形状，可以随时进行重置变形与取消变形的操作。要重置变形，可选择一个文字工具，然后单击工具选项栏中的"创建文字变形"按钮 **⊥**，打开"变形文字"对话框，此时可以修改变形参数，或者在"样式"下拉列表框中选择另一种样式。

实战：创建变形文字

相关文件	实战\第6章\ 6.1.4 实战：创建变形文字	
在线视频	第6章\6.1.4 实战：创建变形文字.mp4	扫码看视频
技术看点	创建变形文字	

Step 01 启动Photoshop CC 2019软件，执行"文件"|"打开"命令，或按快捷键Ctrl+O，打开素材文件"背景.jpg"，效果如图6-17所示。

Step 02 在工具箱中选择"横排文字工具" **T** 后，在工具选项栏中设置字体为"黑体"，设置"字体大小"为150点，设置文字颜色为黄色（R:250,G:227,B:97），在图像中输

入文字，如图6-18所示。

图 6-17

图 6-18

Step 03 单击工具选项栏中的"创建文字变形"按钮 **⊥**，在打开的"变形文字"对话框，在"样式"下拉列表框中选择"旗帜"选项，并设置相关参数，如图6-19所示。

Step 04 单击"确定"按钮，关闭对话框，得到的文字效果如图6-20所示。

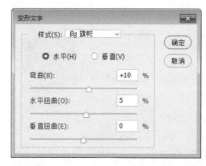

图 6-19

图 6-20

Step 05 使用"钢笔工具" **⌀** 在文字上方绘制路径，如图6-21所示。

Step 06 按快捷键Ctrl+Enter将上述绘制的路径转换为选区，按快捷键Ctrl+J新建图层并将其填充为黄色（R:250,G:227,B:97），如图6-22所示。

图6-21

图6-22

Step 07 将变形文字图层与绘制的路径图层合并，然后单击"添加图层样式"按钮 *fx*，在打开的菜单中依次选择"斜面与浮雕"及"描边"样式，参照图6-23进行图层样式的参数设置。

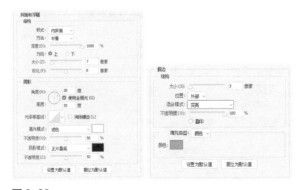

图6-23

Step 08 单击"确定"按钮关闭对话框，得到的文字效果如图6-24所示。

图6-24

Step 09 用同样的方法，在"圣诞快乐"文字下方输入其他文字，并添加相同的文字样式，如图6-25所示。

图6-25

6.2 文字属性设置

利用文字工具选项栏来进行文字属性的设置是非常便捷的一种方式，但是在选项栏中只能对一些常用的属性进行设置，而对于间距、样式、缩进和避头尾法则等选项的设置则需要用到"字符"面板和"段落"面板，这两个面板是进行版面编排时最常用的。

6.2.1 字符面板

执行"窗口"|"字符"命令，将打开图6-26所示的"字符"面板，该面板可用于编辑文本字符的格式。

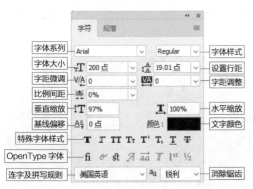

图 6-26

◆ 设置行距 ⚘ ：行距是指文本中各个文字行之间的垂直距离。在行距下拉列表框中可以为文本设置行距，也可以在其前面的文本框中输入数值来设置行距。

◆ 字距微调 Ⅵ ：该选项用来调整两个字符之间的距离，在操作时首先要将光标定位在要调整的两个字符之间，然后再调整数值。

◆ 字距调整 ⚭ ：选择了部分字符时，可调整所选字符的间距；没有选择字符时，可调整所有字符的间距。

◆ 比例间距 ⚬ ：用来设置所选字符的比例间距。

◆ 水平缩放 工 /垂直缩放 吀 ：水平缩放用于调整字符的宽度，垂直缩放用于调整字符的高度。

◆ 基线偏移 ⚏ ：用来控制文字与基线的距离，它可以增加或减少所选文字与基线的距离。

◆ OpenType字体：包含当前PostScript和TrueType字体不具备的功能。

◆ 连字及拼写规则：可对所选字符进行有关连字符和拼写规则的语言设置。

实战：沿路径排列文字

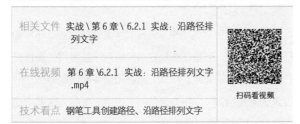

相关文件	实战＼第 6 章＼ 6.2.1 实战：沿路径排列文字
在线视频	第 6 章＼6.2.1 实战：沿路径排列文字.mp4
技术看点	钢笔工具创建路径、沿路径排列文字

扫码看视频

Step 01 启动Photoshop CC 2019软件，执行"文件"｜"打开"命令，或按快捷键Ctrl+O，打开素材文件"酷狗.jpg"，效果如图6-27所示。

Step 02 在工具箱中选择"钢笔工具" ⚲ ，在工具选项栏中设置"工具模式"为"路径"，在画面上方绘制一段开放路径，如图6-28所示。

Step 03 选择"横排文字工具" T ，在工具选项栏中设置字体为"Arial"，设置"字体大小"为10点，设置文字颜色为白色，将光标移至路径上方，此时光标会显示为 ⚘ 状

态，如图6-29所示。

Step 04 单击即可输入文字，文字输入完成后，在"字符"面板中设置"调整字距" ⚭ 为460。按快捷键Ctrl＋H隐藏路径，即得到文字按照路径走向排列的效果，如图6-30所示。如果觉得路径文字排列太过紧凑，可以框选文字后在"字符"面板中调整所选文字的间距。

图 6-27　　　　　　　　图 6-28

图 6-29　　　　　　　　图 6-30

6.2.2 段落面板

执行"窗口"｜"段落"命令，将打开图6-31所示的"段落"面板，该面板可用于编辑段落文本。

图 6-31

◆ 左对齐文本 ■：将文本左对齐，段落右端参差不齐，如图6-32所示。

◆ 居中对齐文本 ■：将文本居中对齐，段落两端参差不齐，如图6-33所示。

◆ 右对齐文本 ■：将文本右对齐，段落左端参差不齐，如图6-34所示。

图6-32　　　　　　　图6-33

图6-34

◆ 最后一行左对齐 ■：将文本中最后一行左对齐，其他行左右两端强制对齐。

◆ 最后一行居中对齐 ■：将文本中最后一行居中对齐，其他行左右两端强制对齐。

◆ 最后一行右对齐 ■：将文本中最后一行右对齐，其他行左右两端强制对齐。

◆ 全部对齐 ■：通过在字符间添加间距的方式，使文本左右两端强制对齐。

◆ 左缩进 ■：横排文字从段落的左边缩进，直排文字则从段落的顶端缩进。

◆ 右缩进 ■：横排文字从段落的右边缩进，直排文字则从段落的底端缩进。

◆ 首行缩进 ■：可缩进段落中的首行文字。对于横排文字，首行缩进与左缩进有关；对于直排文字，首行缩进与顶端缩进有关。

◆ 段前添加空格 ■：设置选择的段落与前一段落的距离。

◆ 段后添加空格 ■：设置选择的段落与后一段落的距离。

◆ 避头尾法则设置：选取换行集为"无""JIS宽松""JIS严格"。

◆ 间距组合设置：选取内部字符间距集。

◆ 连字：为了对齐的需要，有时会将某一行末端的英文单词断开至下一行，这时需要使用连字符在断开的单词之间显示标记。前后对比效果如图6-35和图6-36所示。

图6-35　　　　　　　图6-36

6.3 通过命令编辑文本

在Photoshop中，除了可以在"字符"和"段落"面板中编辑文本外，还可以通过命令编辑文本，如进行拼写检查、查找和替换文本等。

6.3.1 拼写检查

执行"编辑"|"拼写检查"命令，可以检查当前文本中英文单词的拼写是否有误，如果检查到错误，Photoshop还会提供修改建议。选择需要检查拼写错误的文本，执行"编辑"|"拼写检查"命令打开"拼写检查"对话框，显示检查信息，如图6-37所示。

图6-37

◆ 不在词典中：系统会将查出的拼写错误的单词显示在该列表中。

◆ 更改为：可输入用来替换错误单词的正确单词。

◆ 建议：在检查到错误单词后，系统会将修改建议显示在该列表中。

◆ 检查所有图层：勾选该复选框，可检查所有图层中的文本。

◆ 完成：可结束检查并关闭对话框。

◆ 忽略：忽略当前检查的结果。

◆ 全部忽略：忽略所有检查的结果。

◆ 更改：单击该按钮，可使用"建议"列表中提供的单词替换掉查找到的错误单词。

◆ 更改全部：使用正确的单词替换掉文本中的所有错误单词。

◆ 添加：如果被查找到的单词是正确的，则可以单击该按钮，将该单词添加到Photoshop词典中。以后查找到该单词时，Photoshop会确认其为正确的拼写形式。

6.3.2 查找和替换文本

执行"编辑"|"查找和替换文本"命令，可以查找到当前文本中需要修改的文字、单词、标点或字符，并将其替换为正确的内容，图6-38所示为"查找和替换文本"对话框。

图6-38

用户在进行查找时，只需在"查找内容"文本框中输入要替换的内容，然后在"更改为"文本框中输入用来替换的内容，最后单击"查找下一个"按钮，Photoshop会将搜索到的内容高亮显示，单击"更改"按钮可将其替换。如果单击"更改全部"按钮，则搜索并替换所找到文本的全部匹配项。

6.3.3 替换所有缺欠字体

打开文件时，如果该文档中的文字使用了系统中没有的字体，系统会弹出一条警告信息，指明缺少那些字体。出现这种情况时，可以执行"文字"|"替换所有缺欠字体"命令，使用系统中安装的字体替换文档中缺欠的字体。

6.3.4 基于文字创建工作路径

选择一个文字图层，如图6-39所示，执行"文字"|"创建工作路径"命令，可以基于文字生成工作路径，原文字图层保持不变，如图6-40所示。生成的工作路径可以应用"填充"和"描边"，或者通过调整锚点得到变形文字。

图6-39

图6-40

6.3.5 将文字转换为形状

选择文字图层，如图6-41所示，执行"文字"|"转换为形状"命令，或右击文字图层，在弹开的快捷菜单中选择"转换为形状"命令，可以将其转换为具有矢量蒙版的形状图层，如图6-42所示。需要注意的是，此操作后，原文字图层将不会保留。

图 6-41

图 6-42

6.3.6　栅格化文字

在"图层"面板中选择文字图层，执行"文字"|"栅格化文字图层"命令或"图层"|"栅格化"|"文字"命令，可以将文字图层栅格化，使文字变为图像。栅格化后的图像可以用"画笔工具"和滤镜等进行编辑，但不能再修改文字的内容。

6.4　本章小结

通过本章的学习，读者可以快速掌握点文字、段落文字的输入方法，以及变形文字的设置和路径文字的制作。

在平面设计中，文字一直是画面不可缺少的元素，好的文字布局和设计有时会起到画龙点睛的作用。对于商业平面作品而言，文字更是不可缺少的内容，只有通过文字的点缀和说明，才能清晰、完整地表达作品的含义。Photoshop的文字操作和处理方法非常灵活，添加各种图层样式或进行变形等艺术化处理，可以使文本更加鲜活醒目。

6.5　课后习题

6.5.1　课后习题：动物海报文字

相关文件	课后习题 \ 第 6 章 \6.5.1 课后习题：动物海报文字
在线视频	第 6 章 \6.5.1 课后习题：动物海报文字 .mp4

扫码看视频

本习题主要练习使用"钢笔工具"绘制路径，并使文字沿路径排列。操作步骤如下。

Step 01 启动Photoshop CC 2019软件，执行"文件"|"打开"命令，或按快捷键Ctrl+O，打开素材文件"小狗.jpg"，效果如图6-43所示。

图 6-43

Step 02 在工具箱中选择"钢笔工具" ，在工具选项栏中设置"工具模式"为"路径"，在画面上方绘制一段开放路径，如图6-44所示。

图 6-44

Step 03 选择"横排文字工具" ，在工具选项栏中设置字体为"方正胖头鱼简体"，设置"字体大小"为210点，设置文字颜色为黑色，将光标移至路径上方，此时光标会显示为 状态，如图6-45所示。

图 6-45

Step 04 单击即可输入文字，文字输入完成后，在"字符"面板中设置"字距调整" 为20。按快捷键Ctrl＋H隐藏路径，即得到文字按照路径走向排列的效果，如图6-46所示。

图 6-46

6.5.2 课后习题：咖啡广告文字

相关文件	课后习题 \ 第 6 章 \6.5.2 课后习题：咖啡广告文字	
在线视频	第 6 章 \6.5.2 课后习题：咖啡广告文字 .mp4	扫码看视频

本习题主要练习为文字创建变形效果。操作步骤如下。

Step 01 启动Photoshop CC 2019软件，执行"文件"|"打开"命令，或按快捷键Ctrl+O，打开素材文件"咖啡广告.psd"，效果如图6-47所示。

图 6-47

Step 02 在"图层"面板中选择文字图层，执行"文字"|"文字变形"命令，在打开的"变形文字"对话框中，调整文字"样式"为"扇形"，调整"弯曲"参数为-15%，如图6-48所示。

图 6-48

Step 03 完成设置后，单击"确定"按钮，此时得到的文字效果如图6-49所示。

图 6-49

Step 04 在"图层"面板中双击文字图层，打开"图层样式"对话框，在其中勾选"描边"复选框，并参照图6-50对"描边"属性进行设置。

图 6-50

Step 05 在"图层样式"对话框中勾选"投影"复选框，并参照图6-51对"投影"属性进行设置。

图 6-51

Step 06 完成上述操作后，单击"确定"按钮，得到的最终文字效果如图6-52所示。

图 6-52

第07章 滤镜

Photoshop滤镜种类繁多，功能和应用各不相同，但在使用方法上却有许多相似之处，了解和掌握这些滤镜的使用方法和技巧，能有效地提升图片处理的效率。由于篇幅有限，本章将重点讲解一些常用的滤镜效果，并带领各位读者学习滤镜在图像处理中的应用方法和技巧。

7.1 初识滤镜

Photoshop滤镜是一种插件模块，它能够操纵图像中的像素。位图是由像素构成的，每一个像素都有自己的位置和颜色值，滤镜就是通过改变像素的位置或颜色来生成特效的。Photoshop中的滤镜集中在"滤镜"菜单中，单击菜单栏中的"滤镜"按钮，在打开的菜单中可以看到分类放置的滤镜效果，使用时只需从该菜单中选择相应命令即可，如图7-1所示。

图 7-1

滤镜的操作非常简单，但是真正用起来却很难恰到好处。滤镜通常需要与通道、图层等联合使用才能达到最佳艺术效果。

7.1.1 滤镜的种类

滤镜分为内置滤镜和外挂滤镜两大类。内置滤镜是Photoshop自身提供的各种滤镜，外挂滤镜是由其他厂商开发的滤镜，它们需要安装在Photoshop中才能使用。本章将主要讲解Photoshop CC 2019内置滤镜的使用方法与技巧。

7.1.2 滤镜的使用

用户掌握一些滤镜的使用规则及技巧，可以有效地避免一些错误操作。

1. 使用规则

◆ 使用滤镜处理某一图层的图像时，需要选择该图层，并且图层必须为可见状态，即缩览图前带有 ◉ 按钮。

◆ 滤镜同绘画工具或其他修复工具一样，只能处理当前选择的一个图层，不能同时处理多个图层。

◆ 滤镜的处理效果以像素为单位计算，因此，相同的参数处理不同分辨率的图像，其效果也会有所不同。

◆ 只有"云彩"滤镜可以应用在没有像素的区域，其他滤镜都必须应用在包含像素的区域，否则不能使用这些滤镜（外挂滤镜除外）。

◆ 如果创建了图7-2中的选区，那滤镜只处理选区中的图像，如图7-3所示。如果未创建选区，则处理当前图层中的全部图像。

图 7-2

图 7-3

2. 使用技巧

◆ 在滤镜对话框中按住Alt键，"取消"按钮会变成"复位"按钮，如图7-4所示，单击它可以将参数恢复为初始状态。

图7-4

◆ 使用一个滤镜后，"滤镜"菜单的第一行会出现该滤镜的名称，单击它或按快捷键Alt+Ctrl+F可以快速应用这一滤镜。

◆ 应用滤镜的过程中如果要终止处理，可以按Esc键。

◆ 使用滤镜时通常会打开滤镜库或者相应的对话框，在预览框中可以预览滤镜的效果。单击 🔍 或 🔍 按钮可以放大或缩小显示比例；拖动预览框内的图像，可以移动图像，如图7-5所示。如果想要查看某一区域，可在文档中单击，滤镜预览框中会显示单击处的图像，如图7-6和图7-7所示。

图7-5

图7-6

图7-7

◆ 使用滤镜处理图像后，执行"编辑"|"渐隐"命令可以修改滤镜效果的混合模式和不透明度。

7.1.3 智能滤镜

所谓智能滤镜，实际上就是应用在智能对象上的滤镜。智能滤镜与应用在普通图层上的滤镜不同，Photoshop保存的是滤镜的参数和设置，而不是图像应用滤镜的效果。在应用滤镜的过程中，当发现某个滤镜的参数设置不恰当，滤镜前后次序颠倒或某个滤镜不需要时，就可以像更改图层样式一样，将该滤镜关闭或重设滤镜参数，Photoshop会使用新的参数对智能对象重新进行计算和渲染。

在Photoshop中，普通的滤镜是通过修改像素来生成效果的。图7-8所示为图像文件的原始效果，图7-9所示为"镜头光晕"滤镜处理后的效果。从"图层"面板中可以看到，"背景"图层的像素被修改了，如果将图像保存并关闭，就无法恢复为原来的效果了。

图7-8

而智能滤镜是一种非破坏性的滤镜，它将滤镜效果应用在智能对象上，不会修改图像的原始数据。图7-10所示为"镜头光晕"智能滤镜的处理结果，可以看到，它与普通"镜头光晕"滤镜的效果完全相同。

图 7-9

图 7-10

遮盖智能滤镜时，蒙版会应用于当前图层中所有的智能滤镜，因此，无法遮盖单个智能滤镜。执行"图层"|"智能滤镜"|"停用滤镜蒙版"命令，可以暂时停用智能滤镜的蒙版，蒙版上会出现一个红色的"×"；执行"图层"|"智能滤镜"|"删除滤镜蒙版"命令，可以删除蒙版。

实战：使用智能滤镜

相关文件	实战 \ 第 7 章 \ 7.1.3 实战：使用智能滤镜	
在线视频	第 7 章 \7.1.3 实战：使用智能滤镜.mp4	扫码看视频
技术看点	转换智能滤镜、滤镜效果的应用	

Step 01 启动Photoshop CC 2019软件，执行"文件"|"打开"命令，或按快捷键Ctrl+O，打开素材文件"儿童.jpg"，效果如图7-11所示。

Step 02 执行"滤镜"|"转换为智能滤镜"命令，将"背景"图层转换为智能对象，如图7-12所示。

图 7-11　　　　　　　　　图 7-12

答疑解惑：应用于智能对象的滤镜还需要转换为智能滤镜吗？

不需要。应用于智能对象的任何滤镜都是智能滤镜，因此，如果当前图层为智能对象，可直接对其应用滤镜，不必将其转换为智能滤镜。

Step 03 按快捷键Ctrl+J拷贝图层，得到"图层0 拷贝"图层。将前景色设置为黄色（R:241,G:194,B:138），执行"滤镜"|"滤镜库"命令，打开"滤镜库"。为对象添加"素描"选项中的"半调图案"滤镜效果，并将"图案类型"设置为"网点"，如图7-13所示。

Step 04 单击"确定"按钮，对图像应用智能滤镜，效果如图7-14所示。

图 7-13

图 7-14

Step 05 执行"滤镜"|"锐化"|"USM锐化"命令，对图像进行锐化，如图7-15所示，使网点变得更加清晰。

图 7-15

Step 06 设置智能滤镜图层的混合模式为"正片叠底",如图7-16所示。

图 7-16

7.2 滤镜库

"滤镜库"是一个整合了"风格化""画笔描边""扭曲""素描"等多个滤镜组的对话框,它可以将多个滤镜同时应用于同一图像,也能对同一图像多次应用同一滤镜,或者用其他滤镜替换原有的滤镜。

7.2.1 滤镜库概述

执行"滤镜"|"滤镜库"命令,或使用"风格化""画笔描边""扭曲""素描""艺术效果"滤镜组中的滤镜时,都可以打开"滤镜库"对话框,如图7-17所示。

◆ 预览区:用来预览滤镜效果。

◆ 滤镜组/参数设置区:"滤镜库"中共包含6组滤镜,单击一个滤镜组前的 ▶ 按钮,可以展开该滤镜组,单击滤镜组中的一个滤镜即可使用该滤镜,同时在右侧的参数设置区内会显示该滤镜的参数选项。

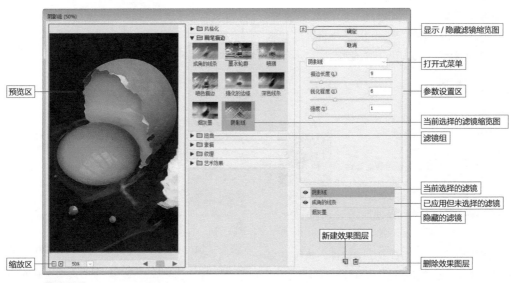

图 7-17

◆ 当前选择的滤镜缩览图:显示当前使用的滤镜。

◆ 显示/隐藏滤镜缩览图 🔼:单击该按钮,可以隐藏滤镜组,将窗口空间留给图像预览区,再次单击则显示滤镜组。

◆ 打开式菜单:单击 ⌄ 按钮,可在子菜单中选择滤镜。

◆ 缩放区:单击 🛨 按钮,可放大预览区图像的显示比例,单击 🗖 按钮,则缩小显示比例。

7.2.2 效果图层

在"滤镜库"中选择一个滤镜后,它就会出现在对话框右下角的已应用滤镜列表中,如图7-18所示。单击"新建效果图层"按钮 🔲,可以添加一个效果图层,此时可以选择其他滤镜,图像效果也将变得更加丰富。

滤镜效果图层与图层的编辑方法相同,上下拖动效果图层可以调整它们的堆叠顺序,滤镜效果也会发生改变,如图7-19所示。单击 🗑 按钮可以删除效果图层，单击 👁 按钮可以隐藏或显示滤镜。

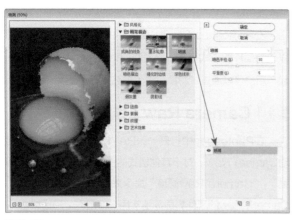

图 7-18

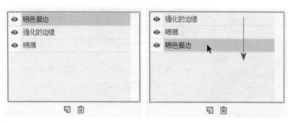

图 7-19

实战：制作抽丝效果图

相关文件	实战 \ 第 7 章 \ 7.2.2 实战：制作抽丝效果图
在线视频	第 7 章 \7.2.2 实战：制作抽丝效果图 .mp4
技术看点	滤镜库

扫码看视频

Step 01 启动Photoshop CC 2019软件，执行"文件"|"打开"命令，或按快捷键Ctrl+O，打开素材文件"滑雪.jpg"，效果如图7-20所示。

图 7-20

Step 02 设置前景色为棕色（R:119,G:65,B:63），设置背景色为白色。执行"滤镜"|"滤镜库"命令，打开"滤镜库"对话框，选择"半调图案"滤镜，然后在右侧面板中调整"大小"为5，调整"对比度"为8，设置"图案类型"为"直线"，如图7-21所示。

图 7-21

Step 03 完成设置后，单击"确定"按钮，关闭对话框。得到的图像效果如图7-22所示。

Step 04 执行"滤镜"|"镜头校正"命令，打开"镜头校正"对话框，调整"晕影"选项中的"数量"参数，为照片添加暗角效果，如图7-23所示。完成设置后，单击"确定"按钮。

图 7-22

Step 05 执行"编辑"|"渐隐镜头校正"命令，在打开的"渐隐"对话框中设置滤镜的"模式"为"正片叠底"，如图7-24所示。完成设置后，单击"确定"按钮，最终图像效果如图7-25所示。

图 7-23

图 7-24

图 7-25

7.3 Camera Raw

作为一款功能强大的RAW图像编辑工具软件，Adobe Camera Raw不仅可以处理Raw文件，也能够对JPG文件进行处理。Camera Raw主要是针对数码照片进行修饰、调色编辑，可在不损坏原片的前提下批量、高效、专业、快速地处理照片。

在Photoshop CC 2019版本中，Camera Raw不再以单独插件的形式存在，而是与Photoshop紧密结合在一起，用户可以通过"滤镜"菜单将其打开。

7.3.1 Camera Raw工作界面

在Photoshop中打开一张RAW格式的照片会自动启动Camera Raw。对于其他格式的图像，则需要执行"滤镜"|"Camera Raw滤镜"命令来打开Camera Raw。Camera Raw的工作界面简洁实用，如图7-26所示。

图 7-26

如果是直接在Camera Raw中打开的文件，完成参数调整后单击"打开图像"按钮，即可在Photoshop中打开文件。如果是通过执行"滤镜"|"Camera Raw滤镜"命令打开的文件，则需要在右下角单击"确定"按钮完成操作。

?? 答疑解惑：什么是 RAW？

在数码单反相机的照片存储设置中可以选择JPG或RAW，即使在拍摄时选择了RAW，但最后成片的后缀名并不是".raw"，图7-27所示为佳能数码相机拍摄的RAW文件。".raw"并不是一种图像格式的后缀名，准确地说RAW不是图像文件，而是一个数据包，我们可以将它理解为照片在转换为图像之前的一系列数据信息。

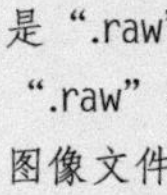

6B4A4965.CR2

图 7-27

7.3.2 Camera Raw工具箱

在Camera Raw工作界面顶部的工具箱中提供了多种工具，用来对画面的局部进行处理，如图7-28所示。

图 7-28

◆ 缩放工具 🔍：使用该工具在图像中单击，即可放大图像；按住Alt键并单击，则可缩小图像；双击该工具按钮，可使图像恢复到100%。

◆ 抓手工具 ✋：当图像放大超出窗口显示时，选择该工具，拖动窗口，可以调整预览窗口中的图像显示区域。

◆ 白平衡工具 ✐：使用该工具在画面中本应是白色或灰色的图像内容上单击，可使此处还原回白色或灰色的同时校正照片的白平衡，如图7-29和图7-30所示。

图 7-29

◆ 颜色取样器工具 ✔：可以检测指定颜色点的颜色信息。选择该工具后，在图像上单击，即可显示出该点的颜色信息，最多可显示出9个颜色点。该工具主要用来分析图像的偏色问题。

图 7-30

◆ 目标调整工具 ◔：单击该按钮，然后在画面中单击来取样颜色，按住鼠标左键拖动，即可改变图像中取样颜色的色相、饱和度、亮度等属性。

◆ 裁剪工具 ◪：单击该按钮，在画面中按住鼠标左键拖动绘制裁剪区域，双击即可裁剪图像，裁剪框以外的区域被隐藏。

◆ 拉直工具 ◪：单击该按钮，在画面中按住鼠标左键拖动绘制一条线，系统会按照当前线条的角度创建裁剪框，双击即可进行裁剪，如图7-31、图7-32所示。

图 7-31

图 7-32

◆ 变换工具 ◫：可以调整画面的扭曲、透视和缩放，常用于校正画面的透视或者为画面营造透视感。

◆ 污点去除工具 ✎：可以使用另一区域中的样本修复图像中选中的区域。

◆ 红眼去除 ◉：其功能与Photoshop中的"红眼工具"相同，也可以用来去除红眼。

◆ 调整画笔 ✎：使用该工具在画面中限定出一个范围，然后在右侧参数设置区中进行设置，以处理局部图像的曝光度、亮度、对比度、饱和度和清晰度等。

◆ 渐变滤镜 ▭：该工具能够以渐变的方式对画面的一侧进行处理，而另外一侧不进行处理，并使两个部分之间过渡柔和。

◆ 径向滤镜 ○：该工具能够突出展示图像的特定部分，功能与"光圈模糊"滤镜有些类似。

◆ 打开"Camera Raw首选项"对话框 ☰：单击该按钮，将打开"Camera Raw首选项"对话框。

◆ 逆时针旋转图像90度 ↺：单击该按钮，可以使图像逆时针旋转90度。

◆ 顺时针旋转图像90度 ↻：单击该按钮，可以使图像顺时针旋转90度。

7.3.3 图像调整选项卡

在Camera Raw工作界面的右侧集中了大量的图像调整命令，这些命令被分为多个组，以"选项卡"的形式展示在界面中。与常见的文字标签形式的选项卡不同，这里是以按钮的形式显示，单击某一按钮，即可切换到相应的选项卡，如图7-33所示。

图 7-33

◆ 基本 ◉：用来调整图像的基本色调与颜色品质。

◆ 色调曲线 ▦：用来对图像的亮度、阴影等进行调节。

◆ 细节 ▲：用来锐化图像与减少杂色。

◆ HSL调整 ▤：可以对颜色进行色相、饱和度、明度等设置。

◆ 分离色调 ▤：可以分别对高光区域和阴影区域进行色相和饱和度的调整。

◆ 镜头校正 ▥：用来去除由于镜头原因造成的图像缺陷，如扭曲、晕影、紫边等。

◆ 效果 *fx*：可以为图像添加或去除杂色，还可以用来制作晕影暗角特效。

◆ 校准 ▤：不同相机都有自己的颜色与色调调整设置，拍摄出的照片颜色也会存在些许偏差。在"校准"选项卡中，可以对这些色偏问题进行校正。

◆ 预设 ≋：在该选项卡中可以将当前图像调整的参数存储为"预设"，然后使用该"预设"快速处理其他图像。

◆ 快照 ▣：用于保存图像调整过程中的特定状态，与"历史记录"面板中的"快照"功能相同。

实战：使用Camera Raw校色

相关文件	实战 \ 第 7 章 \ 7.3.3 实战：使用 Camera Raw 校色
在线视频	第 7 章 \7.3.3 实战：使用 Camera Raw 校色 .mp4
技术看点	使用 Camera Raw 校色

扫码看视频

Step 01 启动Photoshop CC 2019软件，执行"文件"|"打开"命令，或按快捷键Ctrl+O，打开素材文件"人像.jpg"，效果如图7-34所示。

图 7-34

Step 02 执行"滤镜"|"Camera Raw滤镜"命令，打开Camera Raw工作界面，如图7-35所示。

Step 03 在"基本"选项卡中，参照图7-36调整图像的基本色调与颜色品质，调整后的图像效果如图7-37所示。

图 7-35

图 7-36　　　　　　　　图 7-37

Step 04 单击 ▤ 按钮，切换至"HSL调整"选项卡，在其中分别调整图像的"色相""饱和度""明度"参数，如图7-38、图7-39、图7-40所示。

图 7-38　　　　　　　　图 7-39

图 7-40

Step 05 单击 *fx* 按钮，切换至"效果"选项卡，在其中调整"颗粒"参数，如图7-41所示。

Step 06 完成上述设置后，单击"确定"按钮。图像的最终效果如图7-42所示。

图 7-41　　　　　　　　图 7-42

图 7-43　　　　　　　　图 7-44

图 7-45　　　　　　　　图 7-46

7.4 其他常用滤镜

本节将和大家分享滤镜菜单下一些常用且实用的特效命令。

7.4.1 液化

"液化"滤镜可用于推、拉、旋转、反射、折叠和膨胀图像的任意区域。创建的扭曲效果可以是细微的或剧烈的，这就使得"液化"命令成为修饰图像和创建艺术效果的强大工具。液化工具在人像处理中较为常用，可以很好地修饰人物的身形和面部。

在Photoshop中打开一张图像，执行"滤镜"|"液化"命令，打开"液化"对话框，在对话框的左侧是液化工具箱。下面对工具箱中的液化工具进行简单介绍。

◆ 向前变形工具 🖐️：使用该工具，可以向前推动像素，如图7-43所示。

◆ 重建工具 ✍️：用于恢复变形的图像。在变形区域单击或拖动鼠标进行涂抹时，可以使图像的像素恢复到原来的效果，如图7-44所示。

◆ 平滑工具 ✍️：使用该工具，可以平滑地混杂像素。

◆ 顺时针旋转扭曲工具 ✍️：用于旋转图像中的像素。拖动鼠标可以顺时针旋转像素，如图7-45所示；若同时按Alt键进行操作，则可以逆时针旋转像素，如图7-46所示。

◆ 褶皱工具 🞈：可以使像素向画笔区域的中心移动，使图像产生内缩效果，如图7-47所示。

◆ 膨胀工具 ◇：可以使像素向画笔区域中心以外的方向移动，使图像产生向外膨胀的效果，如图7-48所示。

图 7-47　　　　　　　　图 7-48

◆ 左推工具 ▓：垂直向上拖动鼠标时，像素会向左移动，如图7-49所示。向下拖动鼠标时，像素会向右移动，如图7-50所示。按Alt键向上拖动鼠标时，像素会向右移动；按Alt键向下拖动鼠标时，像素会向左移动。

◆ 冻结蒙版工具 ✏️：如果需要对某个区域进行处理，并且不希望操作影响到其他区域，可以使用该工具绘制出冻结区域。该区域将受到保护，不会发生变形。

◆ 解冻蒙版工具 ✏️：使用该工具在冻结区涂抹，可以将其解冻。

图 7-49　　　　　　　　　图 7-50

- ◆ 脸部工具 ♀：用于五官修饰。
- ◆ 抓手工具 ✋：用于移动工作窗口。
- ◆ 缩放工具 🔍：用于缩放工作窗口。

7.4.2 模糊

　　"模糊"滤镜可以柔化选区或整个图像，它们通过平衡图像中已定义的线条和遮蔽区域的清晰边缘旁的像素，使变化显得柔和，过渡变得不生硬。下面介绍3种常用的模糊滤镜。

1. 高斯模糊

　　"高斯模糊"滤镜可以添加低频细节，使图像产生一种朦胧效果，其选项设置与应用效果如图7-51和图7-52所示。通过调整"半径"值可以设置模糊的范围，其以像素为单位，数值越高，模糊效果越强烈。

图 7-51

图 7-52

2. 动感模糊

　　"动感模糊"滤镜可以根据制作效果的需要沿指定方向模糊图像，产生的效果类似于以固定的曝光时间给一个移动的对象拍照，其选项设置与应用效果如图7-53和图7-54所示。

图 7-53

图 7-54

3. 镜头模糊

　　"镜头模糊"滤镜会向图像中添加模糊来产生更窄的景深效果，以便使图像中的一些对象在焦点内，而另一些对象则变模糊。

7.4.3 锐化

　　锐化可增强图像中的边缘定义。无论图像是来自数码相机还是扫描仪，大多数图像都得益于锐化，所需的锐化程度取决于数码相机或扫描仪的品质。Photoshop内置锐化滤镜的原理是在指定颜色区域内外加黑白两条线段，从而起到对比作用。因此，内置的锐化滤镜会引入黑白两种杂色造成偏色。下面介绍3种常用的锐化滤镜。

1. USM锐化

　　"USM锐化"滤镜可以查找图像颜色发生明显变化的区域，然后将其锐化，图7-55所示为原图，图7-56和图7-57所示为滤镜对话框及效果图。

图 7-55

图 7-56

图 7-57

2. 锐化边缘

"锐化边缘"滤镜只锐化图像的边缘，同时会保留图像整体的平滑度，滤镜使用前后效果如图7-58所示。

图 7-58

3. 智能锐化

"智能锐化"与"USM锐化"滤镜效果比较相似，但它提供了独特的锐化控制选项，可以设置锐化算法、控制阴影和高光区域的锐化量。图7-59所示为原图像，图7-60所示为"智能锐化"对话框。

图 7-59

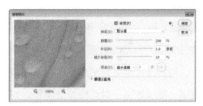

图 7-60

◆ 预设：展开其子菜单，可以载入预设、存储预设，也可自行设置预设参数。

◆ 数量：设置锐化数量，较高的值可增强边缘像素之间的对比度，使图像看起来更加锐利，如图7-61所示。

◆ 半径：确定受锐化影响的边缘像素的数量，该值越高，受影响的边缘就越宽，锐化的效果也就越明显，如图7-62所示。

数量为 100% 效果　　　　　数量为 500% 效果

图 7-61

半径为 1 效果　　　　　半径为 64 效果

图 7-62

◆ 减少杂色：设置杂色的减退量，值越高杂色越少。

◆ 移去：在该选项下拉列表框中可以选择锐化算法。

◆ 阴影/高光：单击左侧的三角按钮 〉，打开"阴影"与"高光"选项，可以分别调整阴影和高光区的渐隐量、色调宽度、半径。

7.5 本章小结

  Photoshop CC 2019内置滤镜种类众多，由于篇幅有限，本章只挑选了一些常用且实用的滤镜进行讲解。其实大部分的Photoshop滤镜使用起来都非常简单，只需要简单调整几个参数就能够立刻观察到效果，读者可以在课后自己试用，并观察应用效果。

  这里值得一提的是，除了拥有众多的自带滤镜，Photoshop还支持使用第三方开发的滤镜，这类滤镜通常被称为"外挂滤镜"。外挂滤镜种类非常多，比如皮肤美化滤镜、照片调色滤镜、降噪滤镜、材质模拟滤镜等。如果读者想进行尝试使用，可以从网上进行下载安装。

7.6 课后习题

7.6.1 课后习题：校正倾斜照片

相关文件	课后习题 \ 第 7 章 \7.6.1 课后习题：校正倾斜照片	
在线视频	第 7 章 \7.6.1 课后习题：校正倾斜照片 .mp4	扫码看视频

  本习题主要练习使用镜头校正调整夜景高楼透视。操作步骤如下。

`Step 01` 启动Photoshop CC 2019软件，执行"文件"|"打开"命令，或按快捷键Ctrl+O，打开素材文件"夜景建筑.jpg"，效果如图7-63所示。

图 7-63

`Step 02` 执行"滤镜"|"镜头校正"命令，在打开的"镜头校正"对话框中，单击"自定"选项卡显示手动设置面板，然后参照图7-64所示进行参数设置。

图 7-64

`Step 03` 完成上述操作后，单击"确定"按钮保存设置，可以看到原本倾斜畸变的夜景建筑被校正了，如图7-65所示。

图 7-65

7.6.2 课后习题：在场景中绘制树木

相关文件	课后习题 \ 第 7 章 \7.6.2 课后习题：在场景中绘制树木	
在线视频	第 7 章 \7.6.2 课后习题：在场景中绘制树木 .mp4	扫码看视频

  本习题主要练习使用Photoshop中的"树"滤镜，在场景中快速添加树木元素。操作步骤如下。

`Step 01` 启动Photoshop CC 2019软件，执行"文件"|"打开"命令，或按快捷键Ctrl+O，打开素材文件"建筑.jpg"，效果如图7-66所示。

`Step 02` 在"背景"图层上方新建一个图层，然后执行"滤镜"|"渲染"|"树"命令，在打开的"树"滤镜对话框中调整树木的"光照方向""叶子数量""叶子大小"等参

数，完成后单击"确定"按钮，如图7-67所示。

图 7-66

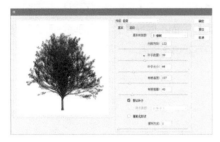

图 7-67

Step 03　上述操作完成后，在画面中将生成树木对象，按快捷键Ctrl+T展开定界框，将其调整到合适的位置和大小，如图7-68所示。

图 7-68

Step 04　为"图层1"执行"图像"|"调整"|"色相/饱和度"命令，在打开的"色相/饱和度"对话框中调整各颜色属性的参数，如图7-69所示。

图 7-69

Step 05　完成上述操作后，单击"确定"按钮保存设置，得到效果如图7-70所示。这里也可以通过为树木图层添加调整图层来修改树木颜色。

Step 06　使用同样的方法，继续在场景中添加其他树木元素，可以尝试添加其他品种的树木来丰富画面，注意画面的主次关系，最终效果可参照图7-71。

图 7-70

图 7-71

第08章

视频与动画

Photoshop这一软件不仅限于处理"静态"的内容，它包含了一套适用于视频的工具，既可以对已有的视频进行剪辑，还可以制作包含3D的原生动画。

本章主要为大家介绍使用"时间轴"面板进行动画制作的方法，并为读者讲解Photoshop的动态视频编辑功能。

8.1 视频编辑

相较于专业的视频处理软件Adobe After Effects和Adobe Premiere，Photoshop虽然还存在一定差距，但是在简单的动态效果制作以及视频编辑方面，也算得上是一种快捷方便的工具。

8.1.1 认识"时间轴"面板

与静态的图像文件不同，动态的视频文件不仅具有画面属性，更具有音频属性和时间属性，这在"图层"面板中显然是无法操作的。

在Photoshop中，如果用户想要制作或者编辑动态文件，可以通过"时间轴"面板来进行操作。"时间轴"面板主要用于组织和控制影片中图层和帧的内容。执行"窗口"|"时间轴"命令，可以打开"时间轴"面板。单击创建模式下拉列表框右侧的下拉按钮，在打开的下拉列表

框中有两个选项，分别是"创建视频时间轴"和"创建帧动画"，如图8-1所示。选择不同的选项可以打开不同模式的"时间轴"面板，而不同模式的"时间轴"面板创建与编辑动态效果的方式也不相同。

图 8-1

8.1.2 "视频时间轴"模式

在"视频时间轴"模式的"时间轴"面板中，每个图层都会作为一个"视频轨道"存在（这里"背景"图层除外）。对每个视频轨道可以进行持续时间的调整、切分以及设置动画等操作，如图8-2所示。

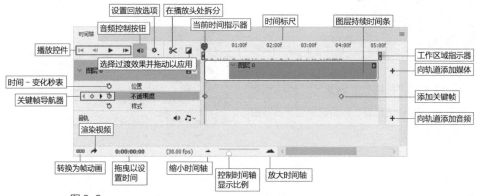

图 8-2

- ◆ 播放控件：其中包括"转到第一帧"按钮 ◄ 、"转到上一帧"按钮 ◄ 、"播放"按钮 ► 和"转到下一帧"按钮 ► ，使用这些按钮可以控制视频的播放。
- ◆ 时间-变化秒表 ◌ ：单击该按钮，可启用或停用图层属性的关键帧设置。
- ◆ 关键帧导航器：左右两侧的箭头按钮用于将当前时间指

示器 ▼ 从当前位置移动到上一个或下一个关键帧；单击中间的按钮可添加或删除当前时间的关键帧。

- ◆ 音频控制按钮 ◄ ：用于关闭或启用音频的播放。
- ◆ 在播放头处拆分 ✂ ：用于切分视频轨道。首先将当前时间指示器 ▼ 移动到需要切分的位置，然后单击 ✂ 按钮，如图8-3所示，即可将一个视频轨道切分为两个视

频轨道。切分之后可以将视频轨道进行移动，如图8-4
所示。

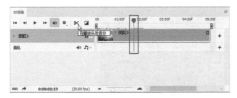

图 8-3

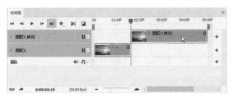

图 8-4

◆ 选择过渡效果并拖动以应用 ▣：单击该按钮，可以在打
开的列表框中设置持续时间，并从中选择所需的过渡效
果，拖动到视频素材中，即可为视频添加指定的过渡效
果，创建专业的淡化和交叉淡化效果。

◆ 当前时间指示器 ▽：拖动当前时间指示器可以浏览帧
或更改当前时间和帧。

◆ 时间标尺：根据当前文档的持续时间和帧速率，水平测
量持续时间或对帧计数。

◆ 图层持续时间条：指定图层在视频或动画中的时间位置。

◆ 工作区域指示器：拖动位于顶部轨道任意一端的蓝色
标签，可以标记出要预览或导出的动画或视频的特定
部分。

◆ 向轨道添加媒体/音频 ＋：单击该按钮，在打开的对话
框中进行相应的设置，可以将媒体或音频添加到轨
道中。

◆ 转换为帧动画 ▯▯▯：单击该按钮，可以将"视频时间
轴"模式的"时间轴"面板切换为"帧动画"模式的
"时间轴"面板。

8.1.3　将视频在Photoshop中打开

本节介绍如何在Photoshop中打开及添加视频素材。

1.　打开视频素材

执行"文件"|"打开"命令，在打开的"打开"对
话框中设置文件类型为"视频"，如图8-5所示，然后找
到视频文件所在位置，单击视频文件，再单击"打开"按
钮，即可在Photoshop中打开视频文件，在"图层"面板
中将出现该视频图层组，如图8-6所示。

图 8-5

图 8-6

❓ 答疑解惑：Photoshop CC 2019 支持哪些格式的视频文件？

一些常规的视频文件在Photoshop CC 2019中都能被打
开。执行"文件"|"打开"命令，在打开的"打开"对话
框中设置文件类型为"视频"，即可在视频选项后面看到
支持的文件类型。

2.　向文档中添加视频素材

对于已经打开的文件，如果要向其中添加视频文件，
可以执行"图层"|"视频图层"|"从文件新建视频图层"
命令，在打开的窗口中选择视频文件，单击"打开"按
钮，即可向文档中添加视频素材。

3.　将视频导入为视频帧

执行"文件"|"导入"|"视频帧到图层"命令，在
打开的"打开"窗口中选择一个视频文件，然后单击"打
开"按钮，打开"将视频导入图层"对话框。在"导入范
围"选项组中选中"从开始到结束"单选按钮，可以导入
所有的视频帧；若选中"仅限所选范围"单选按钮，然后
按住Shift键的同时拖动时间滑块，如图8-7所示，设置导
入的帧范围，即可导入部分视频帧。

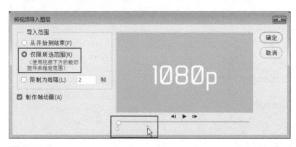

图 8-7

4. 将序列导入为视频

如果要打开序列素材，可以执行"文件"|"打开"命令，在打开的"打开"对话框中找到序列图的位置，然后选择一幅图像（除最后一幅图像以外的其他图像），并勾选"图像序列"复选框，如图8-8所示。单击"打开"按钮，在打开的"帧速率"对话框中设置动画的"帧速率"，如图8-9所示。单击"确定"按钮，即可在Photoshop中打开序列文件。

图 8-8

图 8-9

?? 答疑解惑：打开图像序列时需要注意什么问题？

如果图像要以图像序列的形式在Photoshop中打开，需要满足以下条件：图像需按照序列顺序命名；序列图像文件应该位于同一个文件夹中；文件具有相同的像素尺寸。

实战：为画面添加花瓣动效

相关文件	实战\第 8 章\ 8.1.3 实战：为画面添加花瓣动效
在线视频	第 8 章\8.1.3 实战：为画面添加花瓣动效 .mp4
技术看点	新建视频图层、视频图层的调整

扫码看视频

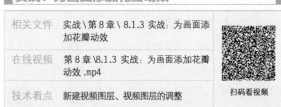

Step 01 启动Photoshop CC 2019软件，执行"文件"|"打开"命令，或按快捷键Ctrl+O，将素材文件"风

景.jpg"打开，如图8-10所示。

图 8-10

Step 02 执行"图层"|"视频图层"|"从文件新建视频图层"命令，在打开的"打开"对话框中选择素材文件"花瓣.mp4"，单击"打开"按钮，如图8-11所示。

图 8-11

Step 03 上述操作完成后，在文档中将出现视频图层，如图8-12所示。

图 8-12

Step 04 在"图层"面板中选中视频图层，按快捷键Ctrl+T展开定界框，调整视频素材的画面大小，使其与背景画面大小一致，如图8-13所示。

图 8-13

Step 05 将底部的"控制时间轴显示比例"滑块向右拖动，放大时间轴显示比例，如图8-14所示。

图 8-14

Step 06 选中视频图层，设置图层的混合模式为"滤色"，如图8-15所示。

Step 07 在"图层"面板中单击"创建新的填充或调整图层"按钮 ◐，在打开的菜单中选择"曲线"命令，在视频图层上方创建一个曲线调整图层，并按快捷键 Ctrl+Alt+G向下创建剪贴蒙版，使其作用于视频图层，如图8-16所示。

图 8-15　　　　图 8-16

Step 08 在曲线调整图层的"属性"面板中，向上拖动曲线，如图8-17所示，适当提高视频图层的亮白度。

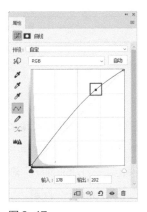

图 8-17

Step 09 拖动时间指示器 ▼ 到不同的位置，可观察画面效果。

Step 10 执行"文件"|"导出"|"渲染视频"命令，打开"渲染视频"对话框，如图8-18所示。

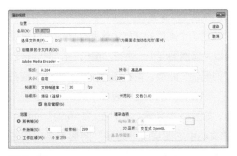

图 8-18

Step 11 在"位置"选项组中单击"选择文件夹"按钮，设置文件存储位置；在中间的下拉列表框中选择"Adobe Media Encoder"，将文件输出为动态影片，并调整"预设"及"大小"等参数；在"范围"选项组中选中"工作区域"单选按钮，具体如图8-19所示。

图 8-19

Step 12 完成设置后，单击右上角的"渲染"按钮，等待片刻，即可得到视频文件，最终视频效果如图8-20所示。

图 8-20

8.1.4 制作视频动画

在Photoshop中可以针对图层创建不透明度动画、位置动画和图层样式动画等。它们的制作方法基本相同，都是在不同的时间点上创建出"关键帧"，然后对图层的透明度、位置、样式等属性进行更改，两个时间点之间就会形成两种效果之间的过渡动画。

打开一个包含两个图层的文档（这两个图层可以是视频图层，也可以是普通图层），执行"窗口"|"时间轴"命令，打开"时间轴"面板。单击创建模式下拉列表框右侧的下拉按钮，在打开的下拉列表框中选择"创建视频时间轴"命令，如图8-21所示。此时在"时间轴"面板中就会出现当前文档中的图层（"背景"图层不会出现在"时间轴"面板中），每个图层前方都带有一个 按钮，单击该按钮可以进行动画效果的设置，如图8-22所示。

图 8-21

展开该视频轴后，可以看到列表中显示了"变换""不透明度""样式"。在这里可以针对图层的"变换""不透明度""样式"属性制作动画。以"不透明度"为例，首先将当前时间指示器 移动到动画效果开始的时间点上，单击"不透明度"选项前的 按钮，即可在当前时间点上为"不透明度"添加一个关键帧，如图8-23所示。此时可以对该图层的"不透明度"进行调整，如图8-24所示。

图 8-22

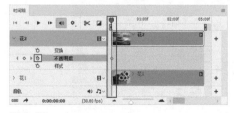

图 8-23

图 8-24

将当前时间指示器 移动到动画效果结束的时间点上，单击"不透明度"选项前的 按钮，即可在当前时间

点上添加一个关键帧，如图8-25所示。然后调整该图层的"不透明度"参数，如图8-26所示。

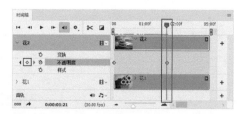

图 8-25

图 8-26

此时在这两个时间点之间，已经出现了该图层的透明度动画效果。单击时间轴顶部的"播放" 按钮，即可预览效果。可以看到该图层呈现出从半透明到完全显现的效果，如图8-27所示。

图 8-27

完成视频动画的制作后，还可以在文档中添加音频文件。单击"时间轴"面板底部的 按钮，在打开的子菜单中选择"添加音频"命令，如图8-28所示。在打开的"打开"对话框中选择音频文件，单击"打开"按钮，如图8-29所示。

图 8-28

图 8-29

此时在"时间轴"面板中出现一个音频轨道，如图8-30所示。如果要制作多个音频混合的效果，可以单击"时间轴"面板底部的 ♪⌄ 按钮，在打开的子菜单中选择"新建音轨"命令，添加新的音频轨道，并向其中添加音频文件。

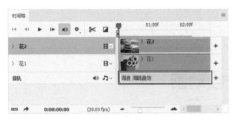

图 8-30

文件制作完成后，执行"文件"|"导出"|"渲染视频"命令，打开"渲染视频"窗口，在"位置"选项组中单击"选择文件夹"按钮，选择文件存储位置。在中间的下拉列表框中选择"Adobe Media Encoder"可以将文件输出为动态影片，选择"Photoshop图像序列"则可以将文件输出为图像序列，如图8-31所示。选择任何一种类型的输出模式，都可以进行相应的"格式""大小""帧速率"等设置，如图8-32所示。最后单击"渲染"按钮，即可得到视频文件。

图 8-31

图 8-32

实战：制作视频转场效果

相关文件	实战 \ 第 8 章 \ 8.1.4 实战：制作视频转场效果	
在线视频	第 8 章 \8.1.4 实战：制作视频转场效果 .mp4	扫码看视频
技术看点	创建视频时间轴、添加关键帧	

Step 01 启动Photoshop CC 2019软件，执行"文件"|"打开"命令，或按快捷键Ctrl+O，将素材文件"花朵.psd"打开，效果如图8-33所示。

图 8-33

Step 02 执行"窗口"|"时间轴"命令，打开"时间轴"面板。单击创建模式下拉列表框右侧的下拉按钮 ⌄，在打开的下拉列表框中选择"创建视频时间轴"选项，如图8-34所示。

图 8-34

Step 03 上述操作完成后，在"时间轴"面板中会出现当前文档中的图层，如图8-35所示。

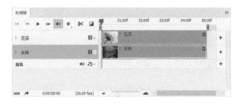

图 8-35

Step 04 在"时间轴"面板中，向后拖动"水珠"图层时间进度条，使两个视频素材轨道有一定的重叠时间，如图8-36所示。

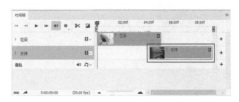

图 8-36

Step 05 单击"花朵"图层前的 › 按钮，展开视频轴。将当前时间指示器 ▼ 放在交叠时间段的开始处，然后单击"不透明度"选项前的 ⟲ 按钮，在当前位置创建一个不透明度关键帧，如图8-37所示。

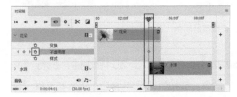

图 8-37

Step 06 将当前时间指示器 ▼ 放在上方视频轨道时间轴的末端，单击"不透明度"选项前的 ◆ 按钮，在该时间点创建另外一个不透明度关键帧，如图8-38所示。

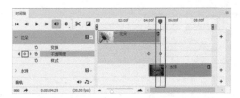

图 8-38

Step 07 在"图层"面板中调整当前时间的"不透明度"为0，如图8-39所示。

图 8-39

Step 08 播放视频，可以看到时间轴上方的内容逐渐变透明，并显现出下方的内容，效果如图8-40所示。

图 8-40

8.1.5 删除动画效果

如果要删除时间轴上的某个关键帧，可以单击关键帧，然后按Delete键将其删除。

如果要删除整个文件的动画效果，可以在"时间轴"面板中单击右上角的 ≡ 按钮，在打开的菜单中选择"删除时间轴"命令，如图8-41所示，即可将文档的动画效果删除。

图 8-41

8.2 制作帧动画

帧动画，是通过将多幅图像快速播放，从而形成动态的画面效果。帧动画与电影胶片、动画片的播放模式非常接近，都是在"连续的关键帧"中分解动作，然后连续播放形成动画。

8.2.1 "帧动画"模式

执行"窗口"|"时间轴"命令，打开"时间轴"面板。单击创建模式下拉列表框右侧的下拉按钮 ⌄，在打开的下拉列表框中选择"创建帧动画"命令，此时"时间轴"面板显示为"帧动画"模式。

在该模式下，"时间轴"面板中显示出动画中每个帧的缩览图；面板底部的各项分别用于浏览各个帧、设置循环选项、添加和删除帧以及预览动画等操作，如图8-42所示。

◆ 帧延迟时间：设置帧在回放过程中的持续时间。

◆ 转换为视频时间轴动画 ▦：将"帧动画"模式的"时间轴"面板切换为"视频时间轴"模式的"时间轴"面板。

◆ 循环选项：设置动画在作为动画GIF文件导出时的播放次数。

◆ 选择第一帧 ◂◂：单击该按钮，可以选择序列中的第一帧作为当前帧。

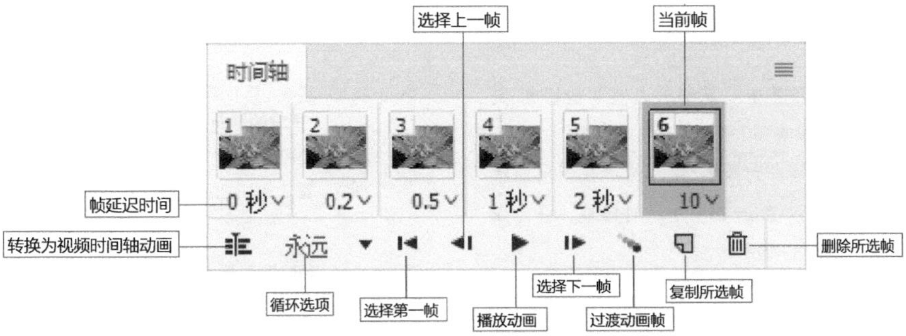

图 8-42

◆ 选择上一帧 ：单击该按钮，可以选择当前帧的前一帧。

◆ 播放动画 ：单击该按钮，可以在文档窗口中播放动画。再次单击该按钮，即可停止播放动画。

◆ 选择下一帧 ：单击该按钮，可以选择当前帧的下一帧。

◆ 过渡动画帧 ：在两个现有帧之间添加一系列帧，通过插值的方法使新帧之间的图层属性均匀。单击“过渡动画帧”按钮 ，在打开的“过渡”对话框中可以对过渡的方式、过渡的帧数等选项进行设置，如图8-43所示。设置完成后在“时间轴”面板中会添加过渡帧。

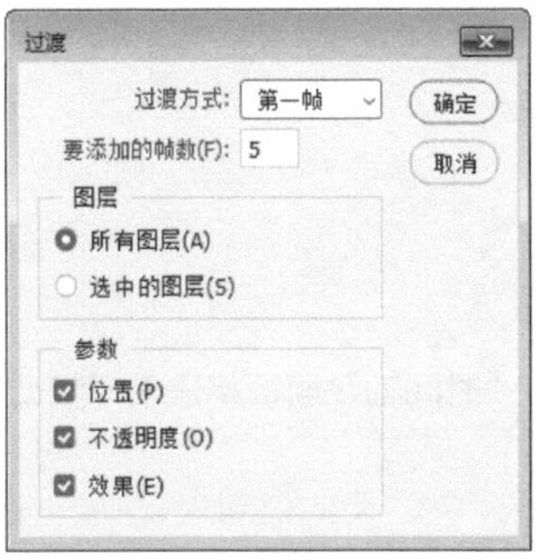

图 8-43

◆ 复制所选帧 ：通过复制“时间轴”面板中的选定帧，向动画中添加帧。

◆ 删除所选帧 ：将所选择的帧删除。

8.2.2 创建帧动画

“帧动画”模式的“时间轴”面板可以快速创建一些简单的帧动画。

准备好要制作帧动画的文档，在文档中，除了背景图层外还有3个图层，每个图层对应一张图像，如图8-44所示。首先隐藏除了“背景”图层之外的所有图层，如图8-45所示。

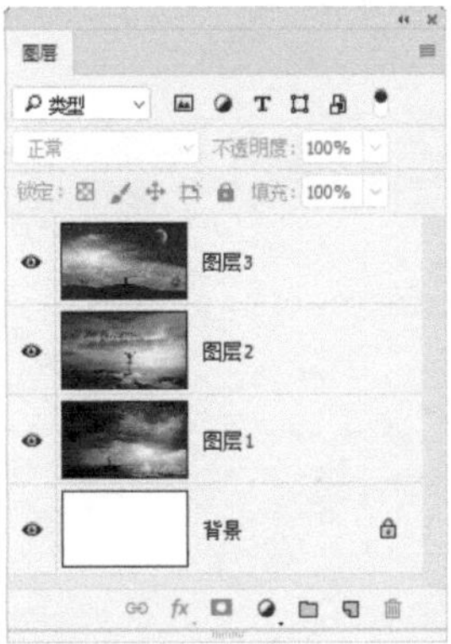

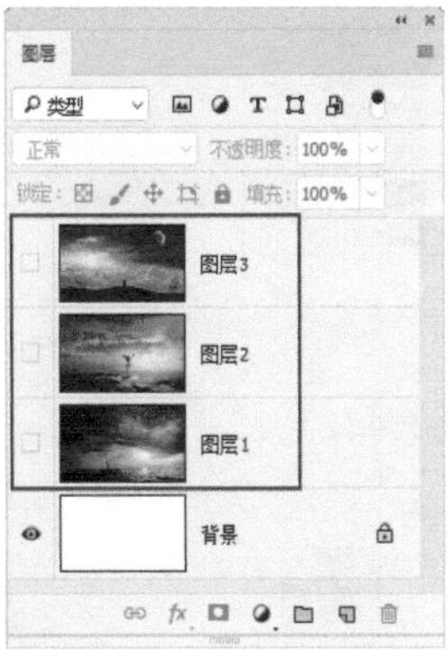

图 8-44　　图 8-45

执行“窗口”|“时间轴”命令，打开“时间轴”面板，在中间的创建模式下拉列表框中选择“创建帧动画”选项，进入“帧动画”模式的“时间轴”面板。单击第一帧中“帧延迟时间”按钮 0 秒 ，在打开的菜单中可以设置“帧延迟时间”，这里选择0.5秒，如图8-46所示。

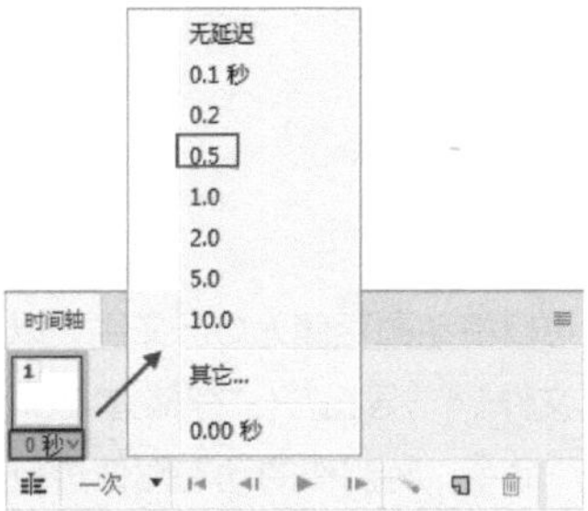

图 8-46

单击“时间轴”面板下方的“复制所选帧”按钮 ，可以复制帧。这里对应图层面板中的3张图像，需要单击 按钮3次，复制3帧，如图8-47所示。

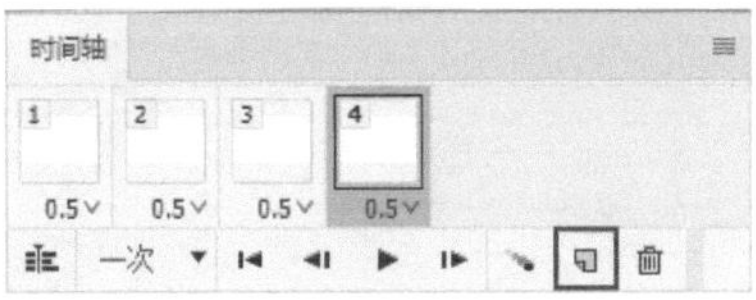

图 8-47

答疑解惑：为什么新建的帧都显示的是背景图像？

因为新建的帧都是通过单击"复制所选帧"按钮 📋 复制的帧，所以每一帧都会带有第1帧的属性。

在"时间轴"面板中单击选择第2帧，然后在图层面板中将"图层1"恢复显示，如图8-48所示。对应地，将生成第2帧的图像缩览图，如图8-49所示。

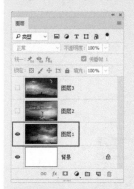

图 8-48

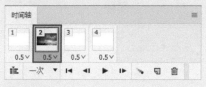

图 8-49

依次将剩余各帧的显示内容调整为不同的图案，然后设置循环选项为"永远"，这样可以循环播放动画，如图8-50所示。

图 8-50

编辑完视频图层后，可以将动画存储为GIF文件，以便在Web上观看。执行"文件"|"导出"|"存储为Web和设备所用格式（旧版）"命令，将制作的动态图像进行输出。在打开的"存储为Web所用格式"对话框中设置"格式"为GIF，设置"颜色"为256，如图8-51所示。单击左下角的"预览"按钮，可以在Web浏览器中预览该动画。单击底部的"存储"按钮，并选择输出路径，即可将文档存储为GIF格式动态图像。

图 8-51

实战：制作动物头像帧动画

相关文件	实战\第8章\8.2.2 实战：制作动物头像帧动画
在线视频	第 8 章 \8.2.2 实战：制作动物头像帧动画 .mp4
技术看点	创建帧动画

扫码看视频

Step 01 启动Photoshop CC 2019软件，执行"文件"|"打开"命令，或按快捷键Ctrl+O，将素材文件"动物.psd"打开，如图8-52所示。

Step 02 执行"窗口"|"时间轴"命令，打开"时间轴"面板。单击创建模式下拉列表框右侧的下拉按钮 ⌄，在打开的下拉列表框中选择"创建帧动画"选项，如图8-53所示。

图 8-52

图 8-53

Step 03 上述操作完成后，"时间轴"面板将进入"帧动画"模式，如图8-54所示。

图 8-54

Step 04 在"帧动画"模式的"时间轴"面板中设置第一帧的帧延迟为0.1秒，如图8-55所示。设置循环选项为"永远"，如图8-56所示。

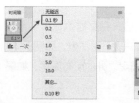 

图 8-55　　　　　　图 8-56

Step 05 在"帧动画"模式的"时间轴"面板中单击5次"复制所选帧"按钮 🗊，如图8-57所示。

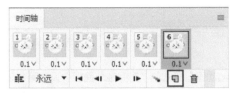

图 8-57

Step 06 单击"时间轴"面板中的第一帧，然后在"图层"面板中隐藏除了"背景"和"1"之外的所有图层，如图8-58所示。此时的"时间轴"面板如图8-59所示。

图 8-58

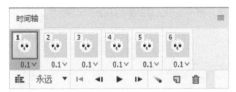

图 8-59

Step 07 单击"时间轴"面板中的第二帧，然后在图层面板中只显示"背景"图层和"2"图层，如图8-60所示。此时的"时间轴"面板如图8-61所示。

图 8-60

Step 08 用同样的方法，依次将各帧的显示内容调整为不同的动物图案，如图8-62所示。

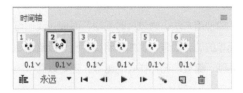

图 8-61

图 8-62

Step 09 单击"播放"按钮 ▶，可以预览动画效果，如图8-63所示。

Step 10 执行"文件"|"导出"|"存储为Web所用格式（旧版）"命令，在打开的"存储为Web所用格式"对话框中设置"格式"为GIF，单击"存储"按钮，完成文件的存储。

图 8-63

127

8.3 本章小结

通过本章内容的学习，读者已经基本掌握"时间轴"面板两种模式的使用方法。通过"时间轴"面板，我们可以制作一些简单的动态效果，例如透明度动画、位置移动动画、旋转动画、缩放动画和样式动画等，还可以制作一些生动有趣的GIF动态图片。

虽然Photoshop的视频处理性能与专业视频软件仍有较大的差距，但大家在学习的过程中可以了解制作视频的一般方法，也能为今后的图像或视频处理工作奠定基础。

8.4 课后习题

8.4.1 课后习题：制作蝴蝶飞舞动画

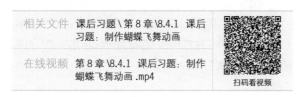

相关文件	课后习题 \ 第 8 章 \8.4.1 课后习题：制作蝴蝶飞舞动画
在线视频	第 8 章 \8.4.1 课后习题：制作蝴蝶飞舞动画 .mp4

扫码看视频

本习题主要练习在Photoshop中创建帧动画。操作步骤如下。

Step 01 启动Photoshop CC 2019软件，执行"文件"|"打开"命令，或按快捷键Ctrl+O，打开素材文件"蝶恋花.psd"，效果如图8-64所示。

图 8-64

Step 02 执行"窗口"|"时间轴"命令，打开"时间轴"面板。单击创建模式下拉列表框右侧的下拉按钮，在打开的下拉列表框中选择"创建帧动画"选项，如图8-65所示。

图 8-65

Step 03 上述操作完成后，"时间轴"面板将进入"帧动画"模式，如图8-66所示。

图 8-66

Step 04 在"帧动画"模式的"时间轴"面板中设置第1帧的帧延迟为0.2秒，设置循环选项为"永远"，如图8-67所示。

图 8-67

Step 05 单击"复制所选帧"按钮，添加一个动画帧，如图8-68所示。

图 8-68

Step 06 在"图层"面板中，选择"图层1"，按快捷键Ctrl+J复制一层，并将原图层隐藏，如图8-69所示。

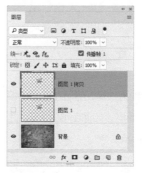

图 8-69

Step 07 选择"图层1 拷贝"图层，按快捷键Ctrl+T展开定界框，调整控制点使蝴蝶形态发生改变，如图8-70所示。

图 8-70

Step 08 完成对蝴蝶对象的调整后，在"时间轴"面板中选择第1帧，并确保此时"图层"面板中"图层1"为显示状态，"图层1 拷贝"为隐藏状态。而选择第2帧时，"图层"面板中"图层1"为隐藏状态，"图层1 拷贝"为显示状态。

Step 09 完成所有设置后，在"时间轴"面板中，单击"播放"按钮 ▶，可以预览蝴蝶飞舞的动画效果，如图8-71和图8-72所示。

图 8-71

图 8-72

8.4.2 课后习题：制作铅笔素描动画

相关文件	课后习题\第8章\8.4.2 课后习题：制作铅笔素描动画
在线视频	第8章\8.4.2 课后习题：制作铅笔素描动画.mp4

本习题主要练习在Photoshop中创建帧动画。操作步骤如下。

Step 01 启动Photoshop CC 2019软件，执行"文件"|"打开"命令，或按快捷键Ctrl+O，打开素材文件"毛绒玩具.psd"，效果如图8-73所示。

图 8-73

Step 02 在"图层"面板中选择"毛绒玩具"图层，执行"滤镜"|"模糊"|"高斯模糊"命令，在打开的"高斯模糊"对话框中设置"半径"参数为0.5像素，如图8-74所示，然后单击"确定"按钮。

图 8-74

Step 03 执行"滤镜"|"滤镜库"命令，在打开的对话框中选择"绘图笔"滤镜，并调整相关参数，将视频处理为铅笔素描效果，如图8-75和图8-76所示。

图 8-75

图 8-76

Step 04 在"图层"面板的"视频组"上方创建一个空白图层，然后为该图层填充黑色，如图8-77所示。

图 8-77

Step 05 按快捷键Ctrl+Alt+F，对"图层1"应用"绘图笔"滤镜，得到效果如图8-78所示。

图 8-78

Step 06 单击"图层"面板下方的 ▢ 按钮，为"图层1"添加一个图层蒙版，如图8-79所示。

图 8-79

Step 07 选中图层蒙版，选择"画笔工具" ✎ ，适当降低画笔的不透明度，在画面的中心涂抹黑色，使视频图层中的图像显示出来，如图8-80所示。

图 8-80

Step 08 完成上述操作后，在"时间轴"面板中单击"播放"按钮 ▶ ，等待视频渲染完成，即可预览最终动画效果，如图8-81和图8-82所示。

图 8-81

图 8-82

第 2 篇

实战篇

本篇内容简介

    本篇主要通过人像处理、淘宝美工、创意合成、图标绘制、界面设计、动效制作这6个类型的实战来介绍Photoshop在工作中的具体应用。

通过本篇学习，读者可以做什么

    通过本篇的学习，读者可以熟练掌握Photoshop CC 2019的大部分操作，可以胜任诸如平面设计师、淘宝美工、摄影后期等职位。

第09章
第 章

人像处理

人像摄影作为热门的摄影主题之一，一直深受众多摄影爱好者的青睐。

在掌握拍摄技巧的同时，摄影爱好者还需要掌握一些基本的后期处理技术，以便处理照片中的瑕疵和缺陷。在此基础上，再为照片增添各种修饰元素，最终达到拍摄时无法达到的效果。

9.1 实战：牙齿矫正美白

相关文件	实战\第9章\9.1 实战：牙齿矫正美白
在线视频	第9章\9.1 实战：牙齿矫正美白.mp4
技术看点	仿制图章工具、调整图层、钢笔工具、图层蒙版、画笔工具

扫码看视频

在人像处理中，牙齿的美白和矫正是非常重要的。除了牙齿本身的缺陷以外，拍摄时现场光线不足等外部原因也会造成人物的牙齿出现色泽暗淡，甚至是发黄、发黑的情况，严重影响整个画面的美感。

本案例将运用对比色对泛黄的牙齿进行美白，再通过调整明暗关系矫正牙齿。下面讲解本案例的具体操作步骤。

9.1.1 去除表面瑕疵

Step 01 启动Photoshop CC 2019软件，执行"文件"|"打开"命令，或按快捷键Ctrl+O，打开素材文件"牙齿.jpg"，效果如图9-1所示。

图 9-1

Step 02 按快捷键Ctrl+J复制"背景"图层，并将复制的图层命名为"牙齿"。在工具箱中选择"仿制图章工具" 🅰️，调整到合适大小后，按住Alt键并拖动鼠标在牙齿完整处单击进行取样，如图9-2所示。

Step 03 取样完成后，移动鼠标指针至牙齿缺陷位置，单击即可修复牙齿上的瑕疵，如图9-3和图9-4所示。

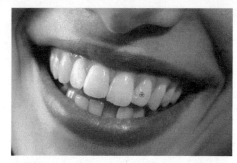

图 9-2

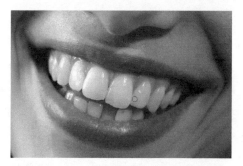

图 9-3

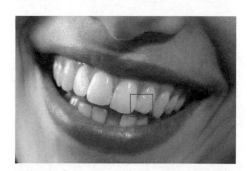

图 9-4

Step 04 用同样的方法，继续使用"仿制图章工具" 🅰️，选择性地修复牙齿上的其他瑕疵部位。

 相关链接

"仿制图章工具" 🅰️从源图像复制取样，通过涂抹的方式将仿制的源图像复制出新的区域，以达到修补、仿制的目的。"仿制图章工具" 🅰️的相关操作请查阅本书第2章2.2.4节内容。

9.1.2 泛黄牙齿美白

Step 01 在"图层"面板中单击"创建新的填充或调整图层"按钮 ◑，在弹出的菜单中选择"色彩平衡"命令，在"图层1"上方创建一个调整图层，如图9-5所示。

Step 02 在调整图层的"属性"面板中，调整"中间调"属性，拖动下方滑块来减少画面中的黄色，增加蓝色（也可以在相应文本框内直接输入参数值），如图9-6所示。

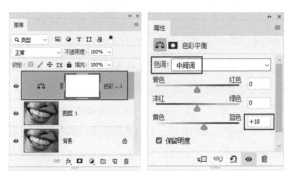

图 9-5　　　　　　　　图 9-6

Step 03 展开"色调"选项下拉列表框，选择"高光"选项，拖动下方滑块，增加青色减少红色，增加蓝色减少黄色，如图9-7所示。

图 9-7

答疑解惑：调整"色彩平衡"对图像有何作用？

调整图像的"色彩平衡"属性，可以更改图像的总体颜色混合效果，从而使图像展现出不同的颜色风格。在"色彩平衡"属性面板中，相互对应的两个颜色互为补色（如青色和红色）。当我们增加一侧颜色的比重时，位于另一侧的补色的颜色就会减少。

Step 04 在"图层"面板中选中调整图层蒙版，如图9-8所示。按快捷键Ctrl+I将该蒙版反相，如图9-9所示。

Step 05 选择"图层1"，使用"钢笔工具" ⌀ 将上牙部分抠出，如图9-10所示。这里需要注意的是选择"钢笔工具" ⌀ 后，需在工具选项栏中设置工具模式为"路径"。

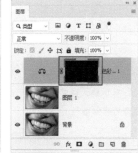

图 9-8　　　　　　　　图 9-9

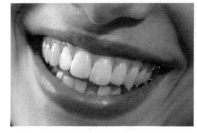

图 9-10

Step 06 抠图完成后，按快捷键Ctrl+Enter将路径转换为选区，如图9-11所示。

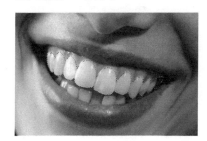

图 9-11

相关链接

"钢笔工具" ⌀ 是Photoshop中最常用的路径工具，使用它可以创建光滑而复杂的路径。"钢笔工具" ⌀ 的相关操作请查阅本书第2章2.4.2节内容。

Step 07 在"路径"面板中，双击"工作路径"，如图9-12所示，将绘制的上牙路径重命名并进行存储，如图9-13所示。

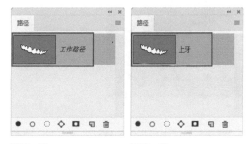

图 9-12　　　　　　　　图 9-13

答疑解惑：怎样打开"路径"面板并进行路径存储呢？

执行"窗口"|"路径"命令，可打开或关闭"路径"面板。双击面板中的路径，将打开图9-14所示的"存储路径"对话框，在其中可以设置路径名称。单击"确定"按钮即可存储路径。

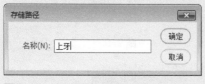

图9-14

Step 08 选择"图层1"，按快捷键Shift+F6，打开"羽化选区"对话框，在其中设置"羽化半径"为1像素，单击"确定"按钮，如图9-15所示。

Step 09 完成上述操作后，在"图层"面板中单击选中调整图层的蒙版，按快捷键Ctrl+Delete，在黑色蒙版上填充白色，如图9-16所示。

图9-15　　　　　　　图9-16

Step 10 选择"图层1"，用同样的方法，使用"钢笔工具" 将下牙部分抠出，抠图完成后，将其转换为选区，如图9-17所示。

Step 11 在"路径"面板中，将上述绘制的下牙路径命名并进行存储，如图9-18所示。

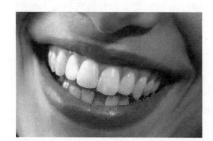

图9-17

Step 12 在"图层"面板中单击"创建新的填充或调整图层"按钮 ，在打开的菜单中选择"曲线"命令，创建一

个曲线调整图层，如图9-19所示。

图9-18　　　　　　　图9-19

Step 13 在曲线调整图层的"属性"面板中，向上拖动曲线，适当提高画面亮白度，如图9-20所示。

Step 14 在"图层"面板中，按住Ctrl+Alt键的同时，选中色彩平衡调整图层的蒙版，将其拖动至曲线调整图层的蒙版位置，如图9-21所示。

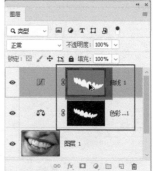

图9-20　　　　　　　图9-21

答疑解惑：调整"曲线"对图像有何作用？

与色阶命令类似，"曲线"命令也可以调整图像的整个色调范围，不同的是，"曲线"命令不是使用3个变量（高光、阴影、中间色调）进行调整，而是使用调节曲线，它最多可以添加14个控制点，因此曲线命令调整更加精确和细致。

Step 15 打开图9-22所示的对话框，单击"是"按钮，即可得到对应的图层蒙版，此时画面中的上牙部分亮白度明显增加，如图9-23所示。

图9-22

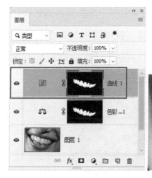

图 9-23

Step 16 同时选择色彩平衡调整图层与曲线调整图层，按快捷键Ctrl+J复制这两个调整图层，并将它们的蒙版填充为黑色，如图9-24所示。

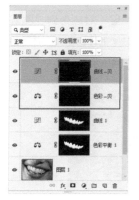

图 9-24

Step 17 在"路径"面板中选中"下牙"路径并调取其选区，然后调整"羽化半径"为1像素，并在两个调整图层的黑色蒙版中填充白色，提高下牙部分的亮白度，如图9-25所示。

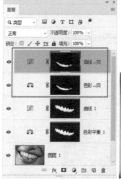

图 9-25

9.1.3 矫正牙齿

Step 01 在"图层"面板中继续单击"创建新的填充或调整图层"按钮 ◢.，在弹出的菜单中选择"渐变映射"命令，创建一个渐变映射调整图层，如图9-26所示。

Step 02 在渐变映射调整图层的"属性"面板中，单击渐变选项，在打开的"渐变编辑器"对话框中添加一个由黑到白的渐变，如图9-27所示。

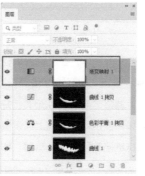 

图 9-26　　　　　　　　图 9-27

> **？ 答疑解惑：调整"渐变映射"对图像有何作用？**
>
> 　　"渐变映射"可以将图像转换为灰度，再用设定的渐变色替换图像中的各级灰度。如果添加的是双色渐变，图像中的阴影就会映射到渐变填充的一个端点颜色，高光则映射到另一个端点颜色，中间调映射为两个端点颜色之间的渐变。

Step 03 在"图层"面板中单击"创建新的填充或调整图层"按钮 ◢.，在打开的菜单中选择"曲线"命令，创建一个曲线调整图层，如图9-28所示。

Step 04 在曲线调整图层的"属性"面板中，向下拖动曲线，调整画面明暗关系，如图9-29所示。

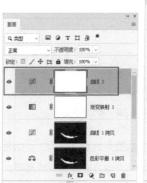 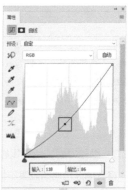

图 9-28　　　　　　　　图 9-29

Step 05 选择"渐变映射1"图层与"曲线2"图层，按快捷键Ctrl+G将两个图层成组。选择"曲线1 拷贝"图层，按快捷键Ctrl+Shift+N创建一个中性灰图层，在打开的"新建图层"对话框中修改名称，并设置图层"模式"为"柔光"，勾选"填充柔光中性色"复选框，如图9-30所示，完成设置后单击"确定"按钮。

图 9-30

Step 06 在工具箱中选择"画笔工具" ✎，在工具选项栏中设置画笔"大小"为20像素，设置"硬度"为100%，调整画笔"不透明度"为20%，调整"流量"为30%，并单击"启用喷枪样式的建立效果"按钮 ✎。完成上述设置后，在"中性灰图层"中，涂抹缺陷的牙齿减淡暗部，如图9-31所示。

图 9-31

答疑解惑：在上述操作中，画笔工具选项栏中的参数的设置是绝对的吗？

本书所有的参数设置仅供参考，在实际项目制作时用户可根据画面需求进行设置。例如在这一操作中，需要用户时刻调整画笔的大小和不透明度参数值来营造比较均匀的明暗过渡效果。

相关链接

"画笔工具" ✎以前景色作为"颜料"在画面中进行绘制，用户可以在工具选项栏中调整画笔参数，或者按快捷键F5打开"画笔"面板进行更多自定义设置。"画笔工具" ✎的相关操作请查阅本书第2章2.2.1节内容。

Step 07 隐藏"组1"，可以更加直观地观察牙齿的整体效果，将其他牙齿明暗过渡不均匀的地方进行加深或减淡，完成效果如图9-32所示。

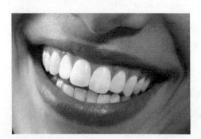

图 9-32

Step 08 观察画面，会发现缺陷牙齿的上半部分修复效果仍不理想。选择"图层1"，使用"钢笔工具" ✎到旁边完整的牙齿上绘制路径，并将路径转换为选区，如图9-33所示，通过这种方法来抠取一小部分完整牙齿。

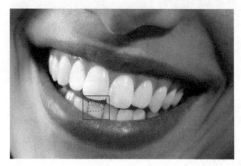

图 9-33

Step 09 按快捷键Ctrl+J复制图层（对应得到"图层2"），然后将抠取的牙齿拖至有缺陷的牙齿上方，并调整到合适的位置及大小，效果如图9-34所示。

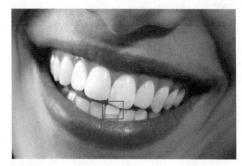

图 9-34

Step 10 将"图层2"拖到"中性灰图层"上方，并暂时隐藏。按快捷键Ctrl+Alt+Shift+N新建一个空白图层放置在"中性灰图层"上方，在工具箱中选择"仿制图章工具" ✎，在工具选项栏中展开"样本"选项下拉列表框，选择"所有图层"选项，然后在画面中将牙齿多余的部分涂抹掉，效果如图9-35所示。

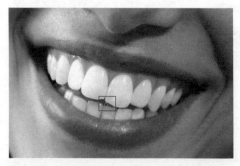

图 9-35

Step 11 恢复"图层2"的显示，将"图层2"与"图层3"拖至下牙调整图层的下方，如图9-36所示。

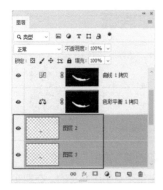

图 9-36

相关链接

在Photoshop中可以创建多种类型的图层，每种类型的图层都有不同的功能和用途。通过创建不同类型的图层或调整图层的顺序，可以实现各种不同的画面效果。关于图层的相关操作请查阅本书第3章内容。

Step 12 选择"图层2"，在"图层"面板中单击 按钮为其添加一个蒙版。选择"画笔工具" ，使用黑色柔边圆笔刷在蒙版中进行涂抹，使牙齿的过渡更加自然，涂抹前后效果如图9-37和图9-38所示。

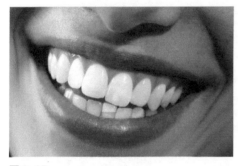

图 9-37

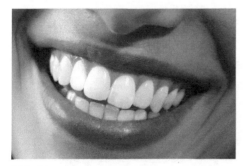

图 9-38

Step 13 按快捷键Ctrl+Alt+Shift+N新建一个空白图层（对应得到"图层4"），将其放置在"中性灰图层"上方，然后使用"仿制图章工具" 对牙齿进行取样修补，使表面颜色更加统一协调。

Step 14 完成后对牙齿的整体再次进行提亮。新建一个色彩平衡调整图层置于"图层4"上方，然后在调整图层的"属性"面板中调整"中间调"和"高光"的参数，如图9-39和图9-40所示。

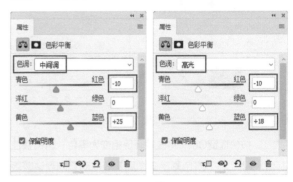

图 9-39　　　　　　　　　　图 9-40

Step 15 选择蒙版，按快捷键Ctrl+I将其反相变为黑色，如图9-41所示。

图 9-41

Step 16 按住Shift+Ctrl组合键并单击上牙和下牙色彩平衡调整图层中的蒙版缩略图，选中上下牙选区，如图9-42所示。

图 9-42

Step 17 在顶层的色彩平衡调整图层的黑色蒙版中填充白色，如图9-43所示。

Step 18 按快捷键Ctrl+D取消选区。在顶层建立一个曲线调整图层，并在该调整图层的"属性"面板中，向上拖动曲线提亮画面，如图9-44所示。

图 9-43

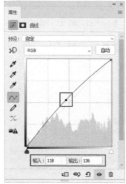

图 9-44

Step 19 按快捷键Ctrl+I将该蒙版反相变为黑色，再按快捷键Ctrl+Alt，将下方色彩平衡图层蒙版拖动复制到该蒙版中，如图9-45所示。

图 9-45

Step 20 至此，牙齿的矫正与美白工作就全部完成了，调整前后效果如图9-46和图9-47所示。

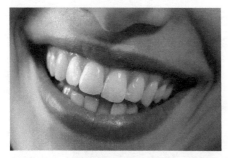

图 9-46

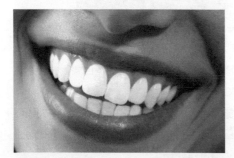

图 9-47

9.2 实战：去除脸部瑕疵

相关文件	实战 \ 第 9 章 \9.2 实战：去除脸部瑕疵	
在线视频	第 9 章 \9.2 实战：去除脸部瑕疵 .mp4	
技术看点	修补工具、污点修复画笔工具、通道应用、调整图层、滤镜库	扫码看视频

在众多的时尚人像大片和人像杂志中，模特的皮肤总是白皙光滑的。这样的皮肤是每个女生所向往的。在现实生活中，人的皮肤难免会有一些瑕疵，通过Photoshop对照片进行修复处理可以有效去除皮肤上的斑点及细纹，让皮肤看起来更加光滑透亮。本案例将通过修饰类工具，将人物脸上的雀斑去除，再结合通道及调整图层，打造光感透亮的皮肤。

下面讲解本案例的具体操作步骤。

9.2.1 工具去除斑点

Step 01 启动Photoshop CC 2019软件，按快捷键Ctrl+O，打开素材文件"脸部.jpg"，效果如图9-48所示。

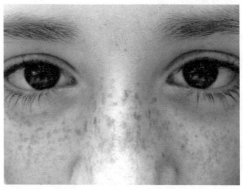

图 9-48

Step 02 按快捷键Ctrl+J复制"背景"图层，并将复制的图层命名为"去斑"。在工具箱中选择"修补工具" ，在人物脸部手动框选出比较大的瑕疵，如图9-49所示。

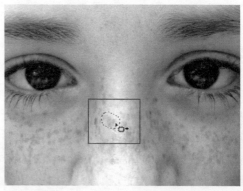

图 9-49

Step 03 将选中的瑕疵部位选区拖动到无瑕疵区域，如图9-50所示。

Step 04 释放鼠标，按快捷键Ctrl+D取消选区，可以看到原本有瑕疵的部位已经被修复，如图9-51所示。

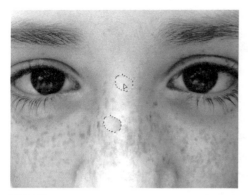

图 9-50

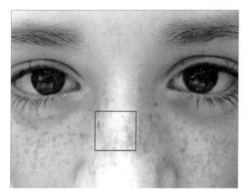

图 9-51

相关链接

"修补工具" 🔲 是利用画面中的部分内容作为样本来修复所选图像区域中不理想的部分。"修补工具" 🔲 的相关操作请查阅本书第2章2.3.3节内容。

Step 05 在工具箱中选择"污点修复画笔工具" 🖌，设置一个大小合适的柔边笔刷，然后移动鼠标指针至脸部较为细小的瑕疵上方，如图9-52所示。

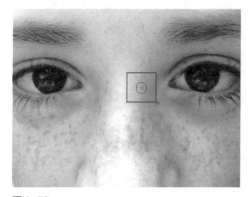

图 9-52

Step 06 按住鼠标左键在瑕疵部位进行涂抹，即可消除该位置的斑点，如图9-53所示。

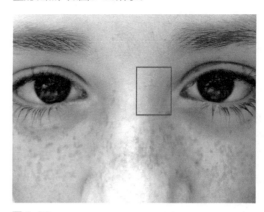

图 9-53

相关链接

在进行人像处理时，使用"污点修复画笔工具"可以有效地去除面部的斑点和皱纹。"污点修复画笔工具" 🖌 的相关操作请查阅本书第2章2.3.1节内容。

Step 07 结合使用"修补工具" 🔲 与"污点修复画笔工具" 🖌，将人物脸上比较明显的雀斑消除，消除前后效果如图9-54和图9-55所示。

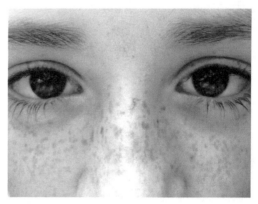

图 9-54

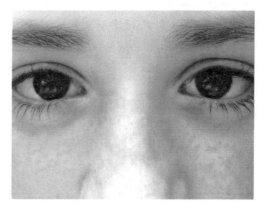

图 9-55

9.2.2 颜色通道去斑

Step 01 执行"窗口"|"通道"命令，打开"通道"面板。分别预览"红""绿""蓝"通道，会发现蓝色通道的斑点细节比较明显，如图9-56和图9-57所示。

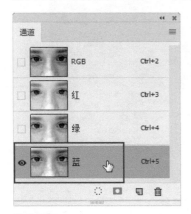

图 9-56

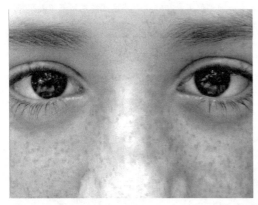

图 9-57

 相关链接

通道的主要功能是保存图像的颜色数据，通过Photoshop中的"通道"面板，可以进行通道的创建及编辑。通道的相关操作请查阅本书第5章内容。

Step 02 在"通道"面板中右击蓝色通道，在弹出的快捷菜单中选择"复制通道"命令，在打开的"复制通道"对话框中设置通道名称，完成后单击"确定"按钮，如图9-58所示。此时，在"通道"面板中将生成拷贝通道，如图9-59所示。

图 9-58

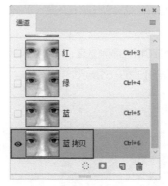

图 9-59

Step 03 选择"蓝 拷贝"通道，执行"滤镜"|"其他"|"高反差保留"命令，在打开的"高反差保留"对话框中，调整"半径"参数为10像素，如图9-60所示，完成后单击"确定"按钮。

图 9-60

 **答疑解惑：为什么要用"高反差保留"滤镜？**

这里使用"高反差保留"滤镜可以使蓝色拷贝通道中的斑点细节更加突出。"高反差保留"滤镜可以在具有强烈颜色变化的地方，按指定的半径来保留边缘细节，并且不显示图像的其余部分。"半径"值可调整原图像保留的程度，该值越高，保留的原图像越多。如果该值为0，则整个图像会变为灰色。

Step 04 执行"图像"|"应用图像"命令，在打开的"应用图像"对话框中展开"混合"选项下拉列表框，选择"叠加"选项，如图9-61所示，完成后单击"确定"按钮。

图 9-61

Step 05 用同样的方法，再执行两次"图像"|"应用图像"命令，设置"混合"选项为"叠加"，使画面中的斑点更加突出，效果如图9-62所示。

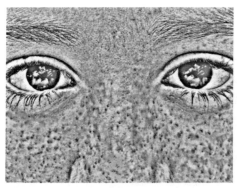

图 9-62

Step 06 第4次执行"图像"|"应用图像"命令，设置"混合"选项为"颜色减淡"。在工具箱中选择"橡皮擦工具" ✎，使用适当大小的柔边笔刷仔细擦除画面中人物的五官和比较明显的轮廓线，只保留皮肤的部分，如图9-63所示。

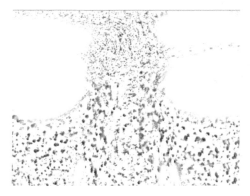

图 9-63

相关链接

"橡皮擦工具" ✎是最基础也是最常用的擦除工具。它的使用方法很简单，与"画笔工具" ✎类似，同样可以设置"大小"与"硬度"属性。"橡皮擦工具" ✎的相关操作请查阅本书第2章2.2.6节内容。

Step 07 按快捷键Ctrl+I进行反相操作，然后按快捷键Ctrl+M打开"曲线"对话框，向上拖动曲线，适当提亮画面，如图9-64所示。

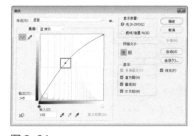

图 9-64

Step 08 按住Ctrl键并单击"蓝 拷贝"通道前的缩略图，载

入选区，如图9-65所示。

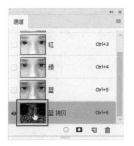

图 9-65

Step 09 在"图层"面板中，单击"创建新的填充或调整图层"按钮 ◐，在打开的菜单中选择"曲线"命令，在"去斑"图层上方创建一个调整图层，如图9-66所示。

Step 10 在曲线调整图层的"属性"面板中，向上拖动曲线，适当提亮画面，如图9-67所示。

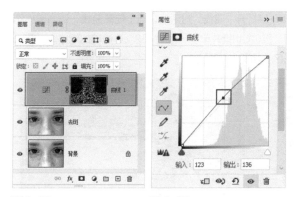

图 9-66   图 9-67

Step 11 按快捷键Alt + Ctrl+Shift+E盖印可见图层。回到"通道"面板，选择"蓝"通道进行复制，对应得到"蓝拷贝2"通道，如图9-68所示。

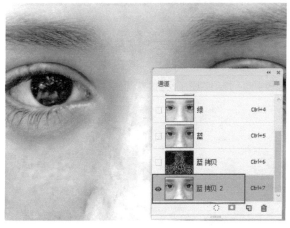

图 9-68

Step 12 用同样的方法，执行"滤镜"|"其他"|"高反差保留"命令，调整"半径"参数为15像素。然后为"蓝 拷贝2"通道重复执行3次"图像"|"应用图像"命令，设

置"混合"选项为"叠加";执行1次"图像"|"应用图像"命令,设置"混合"选项为"颜色减淡"。最后使用"橡皮擦工具" 擦除图像中五官部分,对皮肤区域进行保留,如图9-69所示。

图 9-69

Step 13 按快捷键Ctrl+I进行反相操作,然后按快捷键Ctrl+M打开"曲线"对话框,向上拖动曲线,适当提亮画面。按住Ctrl键并单击"蓝 拷贝2"通道前的缩略图,载入选区,如图9-70所示。

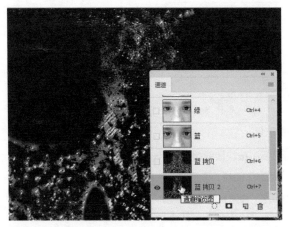

图 9-70

Step 14 选择面板中的"图层1",载入选区后在其上方创建一个曲线调整图层,如图9-71所示。在调整图层"属性"面板中向上拖动曲线,适当提亮画面,如图9-72所示。

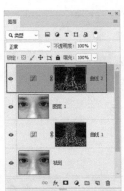

图 9-71　　　　　图 9-72

Step 15 删除"图层1",按快捷键Alt+Ctrl+Shift+E盖印可见图层,得到新的"图层1"。在"图层"面板中右击"图层1",在弹出的快捷菜单中选择"转换为智能对象"命令,然后执行"滤镜"|"Camera Raw滤镜"命令,在打开的滤镜对话框中适当降低"色温",并适当增加"曝光""对比度""清晰度",具体如图9-73所示。

图 9-73

相关链接

　　Camera Raw滤镜内置多种图像处理工具,可用来对画面的局部进行优化处理或校正画面整体色彩。Camera Raw滤镜的相关操作请查阅本书7.3节内容。

Step 16 切换至"细节"面板,在"减少杂色"选项中,将"明亮度"参数调大,使皮肤上细小的瑕疵被提亮优化,如图9-74所示,完成设置后,单击"确定"按钮。

图 9-74

Step 17 至此,去除脸部瑕疵的工作就全部完成了,调整前后效果如图9-75和图9-76所示。

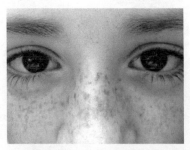

图 9-75

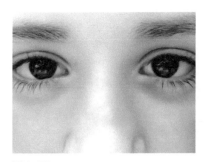

图 9-76

实战：工笔画人像精修

相关文件	实战 \ 第 9 章 \9.3 实战：工笔画人像精修
在线视频	第 9 章 \9.3 实战：工笔画人像精修 .mp4
技术看点	修复画笔工具、调整图层的应用、图层样式的应用、图形工具、剪贴蒙版、钢笔工具

扫码看视频

　　通过数码后期修饰将工笔画效果完美地融入摄影作品，可以使作品渗透出独特的韵味和视觉魅力。工笔画人像精修需要把握画面的层次与色彩，国风调色整体饱和度偏低，以黄色色调为主，画面注重线条而不注重光影。

　　下面讲解工笔画人像精修的具体操作方法。

9.3.1 消除脸部瑕疵

Step 01 启动Photoshop CC 2019软件，按快捷键Ctrl+O，打开素材文件"人物.jpg"，效果如图9-77所示。

图 9-77

Step 02 按快捷键Ctrl+J复制"背景"图层，并将复制得到的图层命名为"人物"。将人物脸部放大观察，会发现面部有一些细小的瑕疵，如图9-78所示。

图 9-78

Step 03 在工具箱中选择"修复画笔工具" 🖌，在工具选项栏中设置合适的柔边笔刷，并将"源"选项设置为"取样"，然后按住Alt键并在脸部无瑕疵位置单击进行取样，取样完成后在脸上的瑕疵部位进行涂抹，将人物脸颊处的斑点擦除，如图9-79所示。

图 9-79

9.3.2 人像色调调整

Step 01 在"图层"面板中，单击"创建新的填充或调整图层"按钮 ◑，在打开的菜单中选择"色相/饱和度"命令，在"人物"图层上方创建一个调整图层，如图9-80所示。

Step 02 在调整图层的"属性"面板中降低"饱和度"参数至–30，如图9-81所示，对应得到的图像效果如图9-82所示。

图 9-80　　　　　　图 9-81

图 9-82

　　"色相/饱和度"命令可以调整图像中特定颜色分量的色相、饱和度和亮度,或者同时调整图像中的所有颜色。该命令适用于微调CMYK图像中的颜色,以便它们处在输出设备的色域内。

Step 03 新建一个空白图层置于顶层,并为该图层填充黄色(R:174,G:157,B:129),然后修改图层的混合模式为"正片叠底",如图9-83所示。

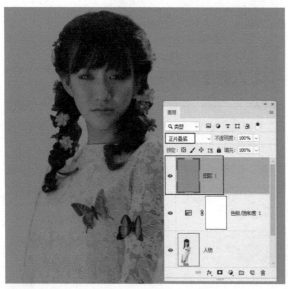

图 9-83

Step 04 按快捷键Ctrl+J将"图层1"复制,并将得到的图层命名为"纹理"。双击"纹理"图层,在打开的"图层样式"对话框中勾选"斜面和浮雕"复选框,并在右侧面板中调整"结构"与"阴影"的参数,如图9-84所示。

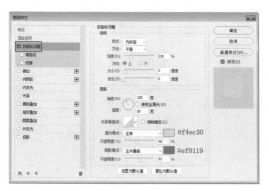

图 9-84

相关链接

　　"斜面和浮雕"样式主要通过为图层添加高光与阴影,使图像产生立体感,常用于制作有立体感的文字或者带有厚度感的对象效果。合理地使用图层样式,能够高效地将平面图形转化为具有材质和光影效果的立体图像。图层样式的相关操作请查阅本书第3章3.4节内容。

Step 05 勾选"纹理"复选框并单击"纹理"命令,在右侧面板中展开"图案"选项下拉列表,单击 ⚙. 按钮,在打开的菜单中选择"载入图案"命令,将素材文件"纹理.pat"载入图案库,选择对应纹理后,调整"缩放"及"深度"参数,并单击"确定"按钮进行保存,如图9-85所示。

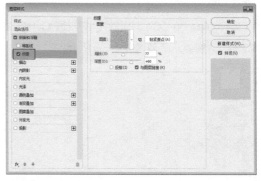

图 9-85

Step 06 在"图层"面板中将"纹理"图层的混合模式设置为"滤色",并将"不透明度"降低至40%,如图9-86所示。

Step 07 在"纹理"图层上方创建一个"可选颜色"调整图层,修改图层的混合模式为"柔光",降低画面灰度,如图9-87所示。

Step 08 按快捷键Alt+Ctrl+Shift+E盖印可见图层,将盖印得到的图层重命名为"素雅人像"。执行"滤镜"|"Camera Raw滤镜"命令,在打开的滤镜对话框中参照图9-88调整基

本参数，使人物细节更加清晰。

图 9-86

图 9-87

Step 09 打开"校准"面板，在"蓝原色"属性下，调整"色相"与"饱和度"参数，如图9-89所示，完成设置后单击"确定"按钮。

图 9-88

图 9-89

Step 10 为"素雅人像"图层执行"图像"|"调整"|"亮度/对比度"命令，在打开的"亮度/对比度"对话框中调整"亮度"与"对比度"参数，如图9-90所示，完成设置后单击"确定"按钮。

图 9-90

Step 11 完成上述操作后，将文档保存，并将其命名为"人物修饰"，方便之后进行调用。

9.3.3 图像合成处理

Step 01 执行"文件"|"打开"命令，或按快捷键Ctrl+O，将素材文件"纹理背景.jpg"打开，如图9-91所示。

Step 02 在"人物修饰.psd"文档的"图层"面板中，同时选择"图层1"与"纹理"图层右击，在弹出的快捷菜单中选择"复制图层"命令，如图9-92所示。

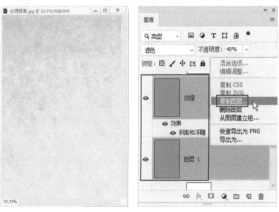

图 9-91　　　　　　　　图 9-92

Step 03 打开"复制图层"对话框，在其中选择目标文档

"纹理背景.jpg"，如图9-93所示。

Step 04 单击"确定"按钮，选择的两个图层将被复制到
"纹理背景.jpg"文档，如图9-94所示。

图 9-93   图 9-94

Step 05 使用"椭圆工具" ○在文档中绘制一个无描边的白
色椭圆，如图9-95所示。

图 9-95

Step 06 在"人物修饰.psd"文档中选择顶层盖印图层"素
雅人像"，将其复制到"纹理背景.jpg"文档，并将图层
摆放至椭圆形状图层上方，然后按快捷键Ctrl+Alt+G向下
创建剪贴蒙版，如图9-96所示。

图 9-96

相关链接

剪贴蒙版可以通过一个图层来控制多个图层的可见内
容，其原理是通过使用处于下方图层的形状，限制上方图
层的显示内容。剪贴蒙版的相关操作请查阅本书第4章4.2节
内容。

Step 07 按快捷键Ctrl+T打开定界框，将人物调整到合适的
位置和大小，效果如图9-97所示。

图 9-97

Step 08 按快捷键Ctrl+J将"素雅人像"图层复制一层，使
用"钢笔工具" ⊘将人物头顶部分抠出，如图9-98所示。

图 9-98

Step 09 在工具箱中选择"魔棒工具" 🪄，在工具选项栏
中单击"选择并遮住"按钮 选择并遮住... ，然后在右侧打开的
"属性"面板中选择"叠加"视图，将"指示"选项设置
为"选定区域"，如图9-99所示。

Step 10 可以看到头顶抠出的区域变成红色，如图9-100所
示。在"属性"面板中，展开"输出到"下拉列表框，选
择"新建带有图层蒙版的图层"选项，如图9-101所示，
完成设置后单击"确定"按钮。

图 9-99

图 9-100

图 9-101

Step 11 完成上述操作后，人物头顶原本被椭圆蒙版遮住的部分将会显示出来，效果如图9-102所示。

图 9-102

Step 12 执行"文件"|"置入嵌入对象"命令，将素材文件"山峰.png"置入文档，并调整到合适的位置及大小。然后复制一份山峰，摆放在画面左下角，并使用"橡皮擦工具" ❗ 擦除多余部分，效果如图9-103所示。

图 9-103

Step 13 将素材文件"桃花.png"置入文档，并调整到合适大小后摆放到画面右上角，如图9-104所示。

图 9-104

Step 14 将"桃花"图层栅格化，然后使用"钢笔工具" ❗ 将覆盖在人物头部的桃花抠出，如图9-105所示。按快捷键Ctrl+Enter将抠出部分转换为选区，然后按Delete键删除选区中的内容。

Step 15 观察画面会发现，桃花的颜色比较鲜艳，与整体色调不搭。在"桃花"图层上方新建空白图层，为图层填充黄色（R:174,G:157,B:129），然后修改图层的混合模式为"正片叠底"，调整"不透明度"参数为60%，按快捷键Ctrl+Alt+G向下创建剪贴蒙版，如图9-106所示。此时得到的图像效果如图9-107所示。

图 9-105

图 9-106

图 9-107

Step 16 将素材文件"祥云.png"置入文档,调整到合适的位置及大小,并修改图层的"不透明度"参数为60%;将

素材文件"文字.png"和"鹤.png"置入文档,并调整到合适的位置及大小。最终完成效果如图9-108所示。

图 9-108

?? 答疑解惑:如何单独改变"祥云.png"素材中云朵的位置及大小?

要对导入素材进行编辑,首先需要将素材图层进行栅格化,转换为可编辑图层。在上一步骤的基础上,使用"套索工具"⌇将素材圈出,按住Ctrl键将圈出部分进行拖动,即可单独调整选中部分。如果需要调整大小,可以按快捷键Ctrl+T打开定界框进行调整。

10第 章

淘宝美工

随着电商产业的快速发展，在淘宝上购物已经成为许多人的习惯，因此也衍生了淘宝美工这个新职位。电商可以通过广告、招贴等宣传形式，将自己的产品及产品特点以一种视觉的方式传达给买家，而买家则可以通过这些宣传形式对产品进行简单的了解。

10.1 实战：玫瑰金钻石戒指精修

相关文件	实战\第10章\10.1 实战：玫瑰金钻石戒指精修
在线视频	第10章\10.1 实战：玫瑰金钻石戒指精修.mp4
技术看点	修钢笔工具、套索工具、调整图层、画笔工具、图形的变形与调整

扫码看视频

本案例将讲解玫瑰金钻戒后期精修的过程。精修可以有效地消除产品表面的瑕疵，为产品赋予拍摄时无法拍摄出的光泽感。产品精修的难度在于物体质感的表现，看似简单的物体，其表面却因为反射变得不好辨认，因此修图之前需要反复观察，分析每个面的光影构成。

下面讲解本案例的具体操作步骤。

10.1.1 戒指校色

Step 01 启动Photoshop CC 2019软件，执行"文件"|"打开"命令，或按快捷键Ctrl+O，打开素材文件"戒指.jpg"，效果如图10-1所示。

图 10-1

Step 02 按快捷键Ctrl+J复制"背景"图层，并将复制的图层命名为"戒指"。将"戒指"图层栅格化，然后使用

"钢笔工具" ⌀ 将戒指部分的图像抠出，如图10-2所示。

图 10-2

Step 03 执行"文件"|"打开"命令，将素材文件"钻石素材.psd"打开，方便之后进行调用，如图10-3所示。

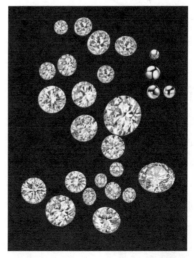

图 10-3

Step 04 在"戒指"图层上方创建一个"色彩平衡"调整图层，然后在"属性"面板中调整"中间调""高光""阴影"的色调参数，如图10-4、图10-5、图10-6所示。

图 10-4　　　　图 10-5

图 10-6

Step 05 创建一个"曲线"调整图层，然后在"属性"面板中向上拖动曲线，提高戒指的亮度，如图10-7和图10-8所示。

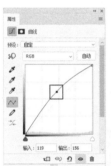

图 10-7　　　　图 10-8

10.1.2 添加装饰物

Step 01 使用"套索工具" ⊘在"钻石素材.psd"文档中选取一个合适的钻石素材，如图10-9所示。然后按住Ctrl键，待鼠标指针变为 ▸ 状态后，将选取的钻石素材拖入戒指所在的文档，并将其调整摆放到合适的位置，替换之前的钻石，如图10-10所示。

图 10-9

图 10-10

相关链接

　　"套索工具" ⊘可以通过自定义绘制的方式，创建出任意形状的选区。"套索工具" ⊘的相关操作请查阅本书第2章2.1.2节内容。

Step 02 用同样的方法，选择合适的钻石素材，替换戒指中的碎钻。这里需要注意根据戒指的透视走向，调整钻石的大小及角度，如图10-11所示。完成后选择所有钻石图层，按快捷键Ctrl+G成组，并将组命名为"钻石"。

图 10-11

Step 03 使用"套索工具" ⊘在"钻石素材.psd"文档中选取适合的金属小球素材，如图10-12所示。选取完成后，按住Ctrl键并将其拖入戒指所在的文档，并放置到顶层。

Step 04 执行"图像"|"调整"|"色相/饱和度"命令或按快捷键Ctrl+U，在打开的对话框中调整颜色参数，并勾选"着色"复选框，如图10-13所示。

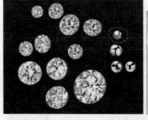

图 10-12　　　　图 10-13

不勾选"着色"复选框，会调整图像的所有颜色；勾选"着色"复选框，图像会整体偏向于单一色调。

Step 05 完成颜色调整后，单击"确定"按钮，可以看到金属小球的颜色与戒指颜色更加接近，如图10-14所示。

Step 06 按快捷键Ctrl+T打开定界框，将金属小球调整到合适大小，并摆放到钻石的周围，可以进行适当旋转来配合光影走向。按快捷键Ctrl+J复制金属小球，包住所有钻石，如图10-15所示。完成操作后，选择所有金属小球图层，按快捷键Ctrl+G成组，并将组命名为"金属爪"。

图 10-14   图 10-15

10.1.3 精修戒指内壁

Step 01 将抠出的戒指对象，以及"钻石"和"金属爪"图层组显示出来，其余图层暂时隐藏。然后按快捷键Alt+Ctrl+Shift+E盖印可见图层，并将图层命名为"盖印"。

Step 02 使用"钢笔工具" ∅ 在"盖印"图层中勾画出戒指的内部形状，并按快捷键Ctrl+Enter将其转化为选区。然后按快捷键Ctrl+J复制选区内容到新图层，得到图10-16所示形状，将它对应的图层命名为"内壁"。

Step 03 在"图层"面板中单击"锁定透明像素"按钮 ▨，按住Ctrl键并单击"内壁"图层前的缩略图，将该图层选区显示出来。在工具箱中选择"涂抹工具" ∅，然后在工具选项栏中设置"强度"为16%。设置完成后，在图形上进行涂抹，使过渡更加自然，如图10-17所示。

图 10-16   图 10-17

"涂抹工具" ∅ 可以模拟手指划过湿油漆时所产生的效果。"涂抹工具" ∅ 的相关操作请查阅本书第2章2.3.8节内容。

Step 04 使用"吸管工具" ✐ 在"盖印"图层的戒指上吸取中间色，然后在工具箱中选择"画笔工具" ✐，将画笔"大小"调整到180像素，将画笔"硬度"调整到0，然后在选区图形内用画笔边缘缓慢涂抹出中间色，两端可以使用深色进行涂抹，效果如图10-18所示。

图 10-18

Step 05 在"画笔工具" ✐ 选取状态下，在工具选项栏中设置"模式"为"线性光"，将画笔颜色设置为白色，在选区图形内由上至下拖动绘制出高光；将画笔颜色设置为黄色（R:240,G:198,B:169），继续使用"线性光"模式，在高光旁绘制一些过渡，效果如图10-19所示。

Step 06 使用"钢笔工具" ∅ 在"盖印"图层中勾画出戒指的外圈部分，按快捷键Ctrl+Enter将其转化为选区，然后按快捷键Ctrl+J复制选区内容到新图层，得到图10-20所示形状，将其对应图层命名为"外圈"。

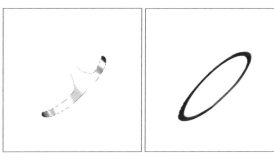

图 10-19   图 10-20

Step 07 在"图层"面板中单击"锁定透明像素"按钮 ▨，按住Ctrl键并单击"外圈"图层前的缩略图，将该图层选区显示出来。设置前景色为黄色（R:239,G:200,B:172），然后使用"画笔工具" ✐ 将外圈部分涂满黄色，如图10-21所示。

Step 08 新建一个空白图层，将其命名为"描边"。使用"钢笔工具" ∅ 在边缘部分绘制一条路径，如图10-22所示。

图 10-21

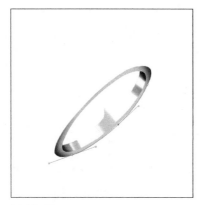

图 10-22

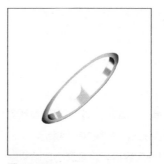

图 10-25

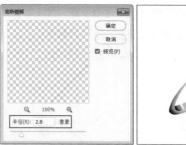

图 10-26   图 10-27

Step 09 在工具箱中选择"画笔工具"，设置画笔"大小"为1像素，设置"硬度"为100%，如图10-23所示，画笔颜色为黑色。

Step 10 选择"钢笔工具"，右击路径，在打开的快捷菜单中选择"描边路径"命令，在打开的对话框中展开"工具"下拉列表框，选择"画笔"命令，如图10-24所示，单击"确定"按钮。

图 10-23   图 10-24

Step 11 上述操作完成后，边缘部分将出现一条黑色描边，效果如图10-25所示。为该描边执行"滤镜"|"模糊"|"高斯模糊"命令，在打开的对话框中设置"半径"为2.8像素，如图10-26所示，单击"确定"按钮保存设置，此时得到的效果如图10-27所示。

> **相关链接**
>
> "高斯模糊"滤镜是"模糊"滤镜组中使用频率最高的滤镜。模糊滤镜应用十分广泛，例如制作景深效果、模糊的投影效果等。模糊滤镜的相关操作请查阅本书第7章7.4.2节内容。

Step 12 用上述同样的方法，继续为其他边缘部分绘制一些描边，增强立体感。

10.1.4 精修戒指顶部

Step 01 使用"钢笔工具"在"盖印"图层中勾画出戒指的顶部，按快捷键Ctrl+Enter将其转化为选区，然后按快捷键Ctrl+J复制选区内容到新图层，得到图10-28所示形状，将其对应图层命名为"顶部1"。

图 10-28

Step 02 用同样的方法，继续抠取顶部剩余部分，如图10-29和图10-30所示，并分别命名为"顶部2"和"顶部3"。

图 10-29 图 10-30

Step 03 以"顶部1"图层的操作为例。在"图层"面板中单击"锁定透明像素"按钮，按住Ctrl键并单击"顶部1"图层前的缩略图，将该图层选区显示出来，如图10-31所示。

Step 04 使用"画笔工具"在选区图形内涂满中间色黄色（R:241,G:194,B:164），并使用深红色（R:69,G:0,B:0）涂抹绘制出暗部，再将画笔"模式"切换至"线性光"，在选区图形中涂抹绘制出白色的高光，注意图形立体感的营造，效果如图10-32所示。

图 10-31 图 10-32

Step 05 用同样的方法，继续绘制剩余的"顶部2"和"顶部3"图形，效果如图10-33所示，完成后可为图形添加一些描边效果（参照10.1.3节的步骤），使形状更加立体。

图 10-33

Step 06 将"钻石"和"金属爪"图层组放至顶层，并将对应的图形摆放到合适的位置，效果如图10-34所示。

Step 07 执行"文件"|"打开"命令，将素材文件"海报背景.jpg"打开。

Step 08 回到戒指所在文档，按快捷键Alt＋Ctrl+Shift+E盖印可见图层，并将图层命名为"戒指精修"，然后右击该图层，在打开的快捷菜单中选择"复制图层"命令，如图10-35所示。

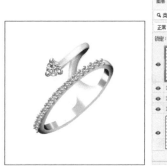 

图 10-34 图 10-35

Step 09 打开"复制图层"对话框，展开"文档"下拉列表框，选择"海报背景.jpg"，然后单击"确定"按钮，如图10-36所示。

图 10-36

10.1.5 场景合成

Step 01 经过上述操作，精修好的戒指被复制到了"海报背景.jpg"文档中，将戒指调整到合适的位置及角度，效果如图10-37所示。

图 10-37

Step 02 选择"戒指精修"图层，按快捷键Ctrl+J复制一层放置在其下方，并命名为"投影"。按快捷键Ctrl+T打开定界框，将戒指进行翻转，如图10-38所示。

图 10-38

Step 03 在"图层"面板中单击 ◻ 按钮，为"投影"图层添加一个图层蒙版。选择该蒙版，使用"渐变工具" ▦ 拖出由黑到白的渐变，并使用"画笔工具" ✏ 擦除多余部分，使图像产生渐变效果，如图10-39所示。

图 10-39

Step 04 在"图层"面板中双击"戒指精修"图层，在打开的"图层样式"对话框中勾选"投影"复选框，并在右侧面板中设置投影的各项参数，如图10-40所示。

图 10-40

Step 05 完成后单击"确定"按钮保存设置，得到效果如图10-41所示。

图 10-41

Step 06 按快捷键Alt＋Ctrl+Shift+E盖印可见图层，并在该图层上方创建一个"色彩平衡"调整图层，然后在"属性"面板中调整"中间调"参数，如图10-42所示。完成后得到的图像效果如图10-43所示。

图 10-42

图 10-43

Step 07 执行"文件"|"置入嵌入对象"命令，将素材文件"高光素材.psd"置入文档，将其中的"高光"图层放置在"海报背景.psd"文档的顶层，并设置图层混合模式为"变亮"，如图10-44所示。

Step 08 至此，玫瑰金钻石戒指的精修工作就全部完成了，最终效果如图10-45所示。

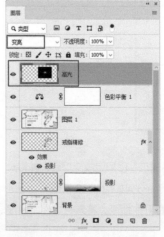

图 10-44

图 10-45

10.2 实战：时尚美妆Banner

相关文件	实战\第 10 章\10.2 实战：时尚美妆 Banner
在线视频	第 10 章\10.2 实战：时尚美妆Banner.mp4
技术看点	修素材的置入、调整图层、图形工具、文字工具

扫码看视频

　　Banner指的是网站页面上的横幅广告。在电商设计中，Banner是设计过程中使用最多的一个，无论是新品发布，还是专题活动，都需要通过Banner进行展示。

　　本案例主要为各位读者介绍美妆Banner的制作方法。美妆Banner一般与化妆产品密切相关，因此在素材的选用上，可以重点挑选女性常用的化妆产品，如唇膏、香水和粉饼等。此外，在Banner版面的设计上，可以考虑将素材绕标题进行环形排列，将浏览者的视觉焦点吸引至画面中心。

　　下面讲解本案例的具体操作步骤。

10.2.1 添加装饰物

Step 01 启动Photoshop CC 2019软件，执行"文件"|"新建"命令，新建一个高为660像素、宽为1462像素、分辨率为300像素/英寸的空白文档。

Step 02 执行"文件"|"置入嵌入对象"命令，将素材文件"粉色背景.jpg"置入文档，并调整到合适的位置及大小，如图10-46所示。

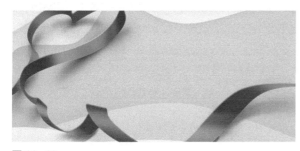

图 10-46

Step 03 在"粉色背景"图层上方创建一个"亮度/对比度"调整图层，然后在"属性"面板中降低"亮度"参数至-30，如图10-47所示。

图 10-47

Step 04 创建一个"色相/饱和度"调整图层，放置在"亮度/对比度"调整图层下方，并在"属性"面板中调整颜色参数，如图10-48所示。

图 10-48

Step 05 完成上述操作后，得到的图像效果如图10-49所示。

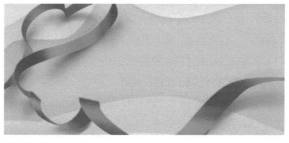

图 10-49

Step 06 在工具箱中选择"矩形工具" □，在文档中绘制一个填充色为紫色（R:212,G:100,B:177）且无描边的矩形，然后在"图层"面板中调整其"不透明度"为50%，效果如图10-50所示。

Step 07 在"图层"面板中选择上述创建的矩形图层，按快捷键Ctrl+J复制一层，然后适当进行缩小，并修改其填充颜色为粉色（R:249,G:167,B:200），修改其"不透明度"为100%，效果如图10-51所示。

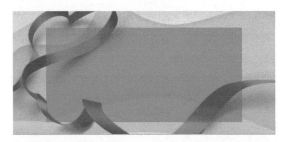

图 10-50

图 10-51

Step 08 执行"文件"|"置入嵌入对象"命令，分别将素材文件"口红1.png""口红2.png""口红3.png"置入文档，调整到适合的角度和大小后，摆放到矩形的3个角上，效果如图10-52所示。

图 10-52

Step 09 用同样的方法，将素材文件"小球1.png""小球2.png""小球.png"置入文档，根据画面布局将它们均匀地摆放在口红素材旁，效果如图10-53所示。操作完成后按快捷键Ctrl+G将小球图形成组。

图 10-53

Step 10 此时观察画面，会发现口红图像的色调和画面色调不协调。以右上角的"口红1"素材图层为例，在其上方创

建一个"色相/饱和度"调整图层，按快捷键Ctrl+Alt+G向下创建剪贴蒙版，然后在"属性"面板中对调整图层的参数进行设置，如图10-54所示。设置完成后得到的效果如图10-55所示，可以看到口红素材与画面的整体色调更加搭配了。

图 10-54

图 10-55

?? 答疑解惑：创建"色相/饱和度"调整图层有何作用？

如果外部导入的素材的颜色与画面整体颜色不协调，可以为素材图层添加"色相/饱和度"调整图层，并在"属性"面板中调整颜色，使素材较好地融入画面。这里需要注意的是，在素材图层上方创建调整图层后，务必按快捷键Ctrl+Alt+G向下创建剪贴蒙版，否则影响的将是整个画面的色调。

Step 11 用同样的方法，分别在"口红2"和"口红3"素材图层上方创建"色相/饱和度"调整图层，并按快捷键Ctrl+Alt+G向下创建剪贴蒙版，然后在"属性"面板中对调整图层的参数进行设置。"口红2"和"口红3"素材图层对应的"属性"面板参数设置如图10-56和图10-57所示。

Step 12 执行"文件"|"置入嵌入对象"命令，将素材文件"液体.png"置入文档，并调整到合适位置及大小，效果如图10-58所示。

图 10-56　　　　　图 10-57

图 10-58

Step 13 在"液体"素材图层上方创建一个"色相/饱和度"调整图层，并按快捷键Ctrl+Alt+G向下创建剪贴蒙版，然后在"属性"面板中对调整图层的参数进行设置，如图10-59所示。设置完成后得到的效果如图10-60所示。

图 10-59

图 10-60

Step 14 执行"文件"|"置入嵌入对象"命令，将素材文件"礼盒.png"置入文档，并调整到合适位置及大小，如图10-61所示。

图 10-61

Step 15 在"礼盒"素材图层上方创建一个"色相/饱和度"调整图层，并按快捷键Ctrl+Alt+G向下创建剪贴蒙版，然后在"属性"面板中对调整图层的参数进行设置，如图10-62所示。设置完成后得到的效果如图10-63所示。

Step 16 将上述的装饰素材全选，按快捷键Ctrl+G成组，并将组命名为"口红装饰"。

图 10-62

图 10-63

10.2.2 添加文字

Step 01 在工具箱中选择"横排文字工具" T，在工具选项栏中选择合适的字体，设置字体大小为26点，字体颜色为白色。完成参数设置后，在文档中输入文字"美妆大作战"，效果如图10-64所示。

图 10-64

相关链接

　　使用Photoshop中的文字类工具可以在图像中添加文字元素。文字的创建与编辑方法请查阅本书第6章内容。

Step 02 在"图层"面板中，双击上述步骤中创建的文字图层或单击"图层"面板下方的"添加图层样式"按钮 *fx*，打开"图层样式"对话框。为了使文字效果更加突出，在该对话框中勾选"投影"复选框，然后在右侧面板中设置投影的各项参数，如图10-65所示。

Step 03 完成后单击"确定"按钮保存设置，此时得到的文字投影效果如图10-66所示。

图 10-65

图 10-66

Step 04 使用"横排文字工具" **T** 在文档中输入文字"时尚/大牌/优雅"，并在工具选项栏中设置该文字的字体为"幼圆"，设置字体大小为8点，字体颜色为白色。

Step 05 用同样的方法，继续在文档中输入文字"全场"和"满300减20"，并为文字设置合适的参数和投影样式，效果如图10-67所示。

图 10-67

Step 06 使用"圆角矩形工具" □ 绘制一个"填充"为红色（R:223,G:100,B:132）、无描边且"半径"为30像素的圆角矩形，将其放置在画面下方，如图10-68所示。

图 10-68

Step 07 在圆角矩形上方添加白色文字"立即抢购"，然后使用"直线工具" ⁄ 在文档中绘制两条"填充"为白色、无描边且"粗细"为3像素的直线，放置在文字两端，效果如图10-69所示。

图 10-69

Step 08 至此，这款时尚美妆Banner就全部完成了。将文字类图层全选，按快捷键Ctrl+G成组，并命名为"文字"。

10.3 实战：清爽夏装新品海报

相关文件	实战 \ 第 10 章 \10.3 实战：清爽夏装新品海报	
在线视频	第 10 章 \10.3 实战：清爽夏装新品海报 .mp4	
技术看点	钢笔工具、形状填充、图层样式的应用、素材的置入、文字工具	扫码看视频

　　在设计服装类电商海报时，设计人员需要根据不同的受众人群，设计出不同风格的服装类海报效果。本案例是

针对夏季女装打造的一款清爽新品海报。在制作前，可以先确立海报的创意构思、配色技巧和文案等，找到与主题相符的素材，再着手进行制作。

下面讲解本案例的具体操作步骤。

10.3.1 绘制左侧装饰

Step 01 启动Photoshop CC 2019软件，执行"文件"|"打开"命令，或按快捷键Ctrl+O，打开素材文件"海报源文件.psd"。

Step 02 选择"图层1"，修改前景色为蓝色（R:187, G:226,B:235），然后按快捷键Alt+Delete为图层填充前景色，如图10-70所示。将"图层1"重命名为蓝色背景，并单击"锁定全部" 🔒 按钮将图层锁定。

图 10-70

Step 03 使用"钢笔工具" ✐ 在画面的左侧绘制一个"填充"为黄色（R:246,G:217,B:99）且无描边的图形，将该图形对应的图层命名为"左侧遮挡第1层"，如图10-71所示。

图 10-71

Step 04 用同样的方法，使用"钢笔工具" ✐继续绘制两个"填充"为淡黄色（R:245,G:231,B:180）且无描边的图形，如图10-72所示，并修改这两个图形的对应图层的名称为"黄色1"和"黄色2"。

Step 05 在"图层"面板中双击"左侧遮挡第1层"图层，打开"图层样式"对话框，勾选"投影"复选框，然后在右侧面板中设置投影的各项参数，如图10-73所示，完成后单击"确定"按钮。之后绘制的不同图形的投影方向和不透明度用户可以根据实际需求来调整，使投影产生一些差别，画面将会更具层次感。

图 10-72

图 10-73

Step 06 用同样的方法为"黄色1"和"黄色2"图层添加"投影"图层样式，使图形更加立体，效果如图10-74所示。

图 10-74

？？ 答疑解惑：为什么为素材添加多个投影样式后，调整投影角度会同时发生变化？

这是因为在"图层样式"对话框中，设置"投影"选项参数时勾选了"使用全局光"复选框，这就使得整个画面的投影选项变为了一个整体，因此调整"角度"参数时会相互影响。如果需要保持投影的独立性，可以取消勾选"使用全局光"复选框。

Step 07 执行"文件"|"置入嵌入对象"命令，将素材文件"仙人掌1.png"置入文档，调整到合适大小后摆放到画面左下角，如图10-75所示。

Step 08 使用"钢笔工具" ✐在画面左侧绘制一个"填充"为白色且无描边的图形，修改图形对应的图层名称为"左侧遮挡第2层"，然后为其添加"投影"图层样式，效果如图10-76所示。

图 10-75

图 10-76

Step 09 执行"文件"|"置入嵌入对象"命令，将素材文件"火烈鸟.png"置入文档，调整至合适大小后摆放到画面左侧。双击该素材图层，在打开的"图层样式"对话框中勾选"投影"复选框，并在右侧面板中设置投影的各项参数，如图10-77所示。完成后单击"确定"按钮，此时得到的效果如图10-78所示。

图 10-77

图 10-78

Step 10 使用"钢笔工具" 继续在画面左侧绘制一个"填充"为白色且无描边的图形，修改图形对应的图层名称为"左侧遮挡第3层"，并为其添加"投影"图层样式，效果如图10-79所示。

Step 11 完成上述设置后，同时选择左侧的所有图形元素，按快捷键Ctrl+G成组，并将图层组命名为"左侧装饰"。

图 10-79

10.3.2 绘制右侧装饰

Step 01 使用"钢笔工具" 在画面右侧绘制一个"填充"为黄色（R:246,G:217,B:99）且无描边的图形，如图10-80所示，将该图形对应的图层命名为"右侧遮挡第1层"。

图 10-80

Step 02 在"图层"面板中双击"右侧遮挡第1层"图层，打开"图层样式"对话框，勾选"投影"复选框，然后在右侧面板中设置投影的各项参数，如图10-81所示。完成后单击"确定"按钮，此时得到的效果如图10-82所示。

图 10-81

图 10-82

Step 03 使用"钢笔工具" ☑ 在画面右侧绘制一个"填充"为白色且无描边的图形,修改图形对应的图层名称为"右侧遮挡第2层",并为其添加"投影"图层样式,效果如图10-83所示。

图 10-83

Step 04 执行"文件"|"置入嵌入对象"命令,将素材文件"仙人掌3.png"置入文档,调整至合适大小后摆放到画面右下角,如图10-84所示。

图 10-84

Step 05 使用"钢笔工具" ☑ 在画面右侧绘制一个"填充"为白色且无描边的图形,修改图形对应的图层名称为"右侧遮挡第3层",并为其添加"投影"图层样式,效果如图10-85所示。

图 10-85

Step 06 完成上述设置后,同时选择右侧的所有图形元素,按快捷键Ctrl+G成组,并将组命名为"右侧装饰"。

10.3.3 添加其他装饰

Step 01 在工具箱中选择"横排文字工具" **T**,在工具选项栏中选择合适的字体,设置字体大小为350点,字体颜

色为蓝灰色(R:137,G:178,B:184)。完成文字参数的设置后,在文档中输入文字"FASHION"(时尚)。移动该文字图层至"蓝色背景"图层上方,并修改其"不透明度"为25%,效果如图10-86所示。

图 10-86

Step 02 执行"文件"|"置入嵌入对象"命令,将素材文件"模特.png"置入文档,调整至合适大小后摆放到画面右侧,如图10-87所示。

图 10-87

Step 03 在"图层"面板中双击"模特"图层,打开"图层样式"对话框,勾选"投影"复选框,然后在右侧面板中设置投影的各项参数,如图10-88所示。完成后单击"确定"按钮,此时得到的效果如图10-89所示。

图 10-88

Step 04 执行"文件"|"置入嵌入对象"命令,分别将素

材文件"热带植物1.png""热带植物2.png""热带植物3.png""仙人掌2.png"置入文档，并分别调整到合适大小及位置，效果如图10-90所示。

图 10-89

图 10-90

Step 05 执行"文件"|"置入嵌入对象"命令，将素材文件"花瓣1.png"和"花瓣2.png"置入文档，调整到合适大小后分别摆放到画面两端，效果如图10-91所示。这里需要注意的是花瓣素材要放置在"左侧装饰"和"右侧装饰"图层组的上方。

图 10-91

10.3.4 添加文字

Step 01 在工具箱中选择"横排文字工具"**T**，在工具选项栏中设置字体为"方正姚体"，设置字体大小为226点，字体颜色为白色。完成文字参数的设置后，在文档中输入文字"夏"，如图10-92所示。

Step 02 在"图层"面板中双击上述文字图层，打开"图层

样式"对话框，勾选"投影"复选框，然后在右侧面板中设置投影的各项参数，如图10-93所示。完成后单击"确定"按钮保存设置，此时得到的文字投影效果如图10-94所示。

图 10-92

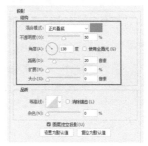

图 10-93

图 10-94

Step 03 用上述同样的方法，在文档中继续添加文字"装""新""品"，文字效果如图10-95所示。

图 10-95

?? 答疑解惑：制作相同属性文字时，是否有便捷操作？

有的。例如在上述操作中，我们已经在文档中创建了"夏"文字图层，并为其设置好了文字属性和"投影"样式。之后需要在文档中继续添加3个属性相同但内容不同的文字。此时可以按快捷键Ctrl+J复制"夏"文字图层，再使用文字工具选取文字内容替换成别的文字即可。

Step 04 使用"矩形工具"▢绘制一个"填充"为白色无描边矩形，将其放置在"品"字的右侧，如图10-96所示。

图 10-96

Step 05 在工具箱中选择"直排文字工具" **IT**，然后在工具选项栏中选择合适的字体，设置字体大小为82点，字体颜色为蓝色（R:93,G:123,B:175）。完成文字参数的设置后，在文档中输入文字"狂欢节"，并将文字摆放至白色矩形上方，最终效果如图10-97所示。

图 10-97

Step 06 在工具箱中选择"横排文字工具" **T**，然后在工具选项栏中选择合适的字体，设置字体大小为61点，字体颜色为白色。完成文字参数的设置后，在文档中输入文字"SUMMER"（夏季），然后在"图层"面板中调整"不透明度"为54%，最终效果如图10-98所示。

Step 07 在"横排文字工具" **T** 选取状态下，在工具选项栏中选择合适的字体，设置字体大小为76点，字体颜色为白色。完成文字参数的设置后，在文档中输入文字"OUTFIT"（全套服装），最终效果如图10-99所示。

图 10-98

图 10-99

Step 08 选择"直排文字工具" **IT**，然后在工具选项栏中设置字体为"幼圆"，设置字体大小为52点，字体颜色为白色。完成文字参数的设置后，在文档中输入文字"冰镇西瓜和可乐"，效果如图10-100所示。

图 10-100

Step 09 用同样的方法，继续创建竖排文字"是我热爱夏天的理由"，效果如图10-101所示。

字类图层全选，按快捷键Ctrl+G成组，并将图层组命名为"文字"。

图 10-101

Step 10 使用"直线工具" ╱ 绘制一些"粗细"为10像素的白色线条，并进行适当旋转，效果如图10-102所示。

图 10-102

Step 11 使用"椭圆工具" ◯ 绘制一个10像素、白色描边且无填充颜色的圆形，放置在直线的一端，效果如图10-103所示。

Step 12 使用同样的方法，在文字周围添加线段和圆形装饰来丰富画面，效果如图10-104所示。完成操作后，将文

图 10-103

图 10-104

Step 13 执行"文件"|"置入嵌入对象"命令，将素材文件"气球.png"置入文档，调整到合适大小后放置到文字图层下方。

Step 14 至此，这款清爽的夏装新品海报就全部完成了，最终效果如图10-105所示。

图 10-105

创意合成

设计师借助Photoshop软件丰富而专业的技术手段来对图像进行合成，能够轻松地创作出各种幽默、奇幻且酷炫的视觉特效作品，以此来展现设计师的无限创意。

11.1 实战：梦幻海底

相关文件	实战\第11章\11.1 实战：梦幻海底
在线视频	第11章\11.1 实战：梦幻海底.mp4
技术看点	图层混合模式、图层蒙版的应用、素材的置入、调整图层

扫码看视频

本案例通过对不同场景的拼合，来打造梦幻的海天效果，同时结合颜色的合理应用，令画面展现出大气、神秘且梦幻的感觉。

下面讲解本案例的具体操作步骤。

11.1.1 场景合成与校色

Step 01 启动Photoshop CC 2019软件，执行"文件"|"新建"命令，新建一个高为10.51厘米，宽为14.11厘米，分辨率为180像素/英寸的空白文档。执行"文件"|"置入嵌入对象"命令，将素材文件"海底.jpg"和"草.jpg"置入文档，然后调整到合适的大小及位置，如图11-1所示。

图 11-1

Step 02 选择"草"图层，设置其混合模式为"正片叠底"。单击"添加图层蒙版"按钮 ▣，为"草"图层添加一个图层蒙版。在工具箱中选择"渐变工具" ▣，在工具

选项栏"渐变编辑器"中选择黑色到白色的渐变 ，单击"线性渐变"按钮 ▣，在画面中从上往下拖动填充渐变，如图11-2所示。

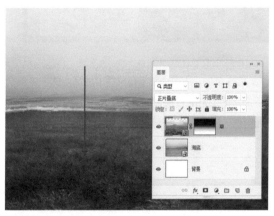

图 11-2

> **相关链接**
>
> "图层蒙版"常通过隐藏图层的局部内容，来对画面局部进行修饰或者制作合成作品。"图层蒙版"的相关操作请查阅本书第4章4.3节内容。

Step 03 在"图层"面板中单击 ◔ 按钮，创建一个"色彩平衡"调整图层，并在调整图层的"属性"面板中调整"中间调"参数，使草与海底融为一体，如图11-3所示。

图 11-3

Step 04 执行"文件"|"置入嵌入对象"命令，将素材文件"天空.jpg"置入文档，并单击"添加图层蒙版"按钮 ■，为该图层添加一个图层蒙版，如图11-4所示。

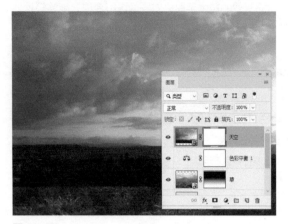

图 11-4

Step 05 选择蒙版，用黑色画笔在蒙版上涂抹，使整体画面只留下海平面上方的云朵，注意调整蒙版的羽化值，使过渡更加自然，如图11-5所示。

图 11-5

Step 06 选择"天空"图层，为其添加"可选颜色"调整图层，并在调整图层的"属性"面板中分别调整白色、中性色、黑色的参数，然后按快捷键Ctrl+Alt+G向下创建剪贴蒙版，如图11-6所示。

图 11-6

?? 答疑解惑：调整"可选颜色"命令中的参数对图像有何作用？

"可选颜色"命令可以为图像中各个颜色通道增加或减少某种印刷色的成分含量，使用"可选颜色"命令可以非常方便地对画面中某种颜色的色彩倾向进行更改。

11.1.2 添加和处理素材

Step 01 执行"文件"|"置入嵌入对象"命令，将素材文件"船.png"置入文档，调整到合适的大小及位置后，为其创建一个图层蒙版，并用黑色的画笔涂抹海面上的船，使其产生插入水中的视觉效果，如图11-7所示。

图 11-7

Step 02 在"船"图层下方新建图层，用黑色的画笔涂抹，绘制出船的阴影，在画笔涂抹的过程中可以适当降低船的不透明度，淡化阴影，如图11-8所示。

框，水平翻转图像。使用"钢笔工具" ✐ 将人物抠出，并在创建图层蒙版后，使用灰色画笔虚化裙边，如图11-10所示。

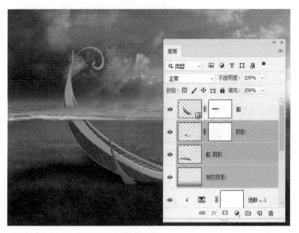

图 11-8

图 11-10

Step 03 在"船"图层上方添加"可选颜色"调整图层，并在调整图层的"属性"面板中分别调整白色、中性色、黑色的参数，完成调整后按快捷键Ctrl+Alt+G向下创建剪贴蒙版。选择蒙版，使用黑色画笔在海平面以上的船头部分涂抹，使其与水底的船身颜色产生差别，如图11-9所示。继续绘制其他阴影，使船融入整个画面。

Step 05 在"小女孩"图层上方添加"可选颜色"调整图层，并在调整图层的"属性"面板中，分别调整白色、中性色、黑色的参数。调整完成后，按快捷键Ctrl+Alt+G向下创建剪贴蒙版，调整小女孩的肤色，如图11-11所示。

图 11-9

图 11-11

Step 04 执行"文件"|"置入嵌入对象"命令，将素材文件"小女孩.jpg"置入文档，按快捷键Ctrl+T显示定界

Step 06 创建"曲线"调整图层，并在调整图层的"属性"面板中调整RGB通道、红通道、蓝通道、绿通道参数，调整完成后，按快捷键Ctrl+Alt+G向下创建剪贴蒙版，调整小女孩的色调使其与海底融为一体，如图11-12所示。

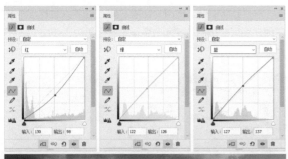

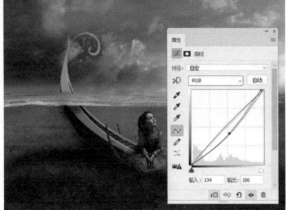

图 11-12

图 11-14

Step 07 新建图层，选择"画笔工具" ，用黑色画笔涂抹人物的阴影区域，用白色画笔涂抹人物高光区域，如图 11-13所示。

图 11-13

图 11-15

Step 10 执行"文件"|"置入嵌入对象"命令，将素材文件"水波.png"置入文档，调整到合适位置及大小并设置其混合模式为"滤色"。在其上方创建"曲线"调整图层，并在调整图层的"属性"面板中调整RGB通道参数，调整对比度，如图11-16所示。

Step 08 执行"文件"|"置入嵌入对象"命令，将素材文件"鱼.png"和"梯子.png"分别置入文档，并调整色调、添加阴影，如图11-14所示。

Step 09 设置前景色为淡黄色（R:230,G:214,B:160），载入鱼的选区，选择"画笔工具" ，利用柔边圆笔刷在鱼图像上涂抹，然后设置其混合模式为"叠加"，为鱼图像添加高光，如图11-15所示。

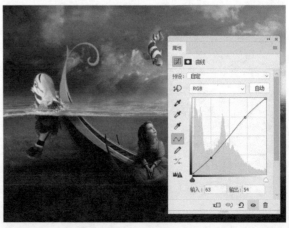

图 11-16

Step 11 在草地上创建选区，创建"色彩平衡"调整图层，并在调整图层的"属性"面板中通过调整中间调参数，来调整草地颜色，如图11-17所示。

图 11-17

Step 12 按快捷键Ctrl+Alt+Shift+E盖印可见图层，利用"加深工具" 与"减淡工具" 制作出高光效果。添加气泡素材，设置图层的混合模式为"滤色"。

Step 13 至此，这款"梦幻海底"创意合成图就全部完成了，最终效果如图11-18所示。

图 11-18

11.2 实战：魔法之书

相关文件	实战\第 11 章\11.2 实战：魔法之书
在线视频	第 11 章\11.2 实战：魔法之书 .mp4
技术看点	素材的置入、渐变工具、图层混合模式、调整图层

扫码看视频

本案例使用图层蒙版使素材之间充分融合。同时结合调整图层的应用，对图像进行色彩调整，从而打造出魔幻感

十足的画面效果。此类合成图像适用于网页游戏的宣传与推广。

下面讲解本案例的具体操作步骤。

11.2.1 主体对象校色

Step 01 启动Photoshop CC 2019软件，执行"文件"|"打开"命令，或按快捷键Ctrl+O，打开素材文件"人物.jpg"，效果如图11-19所示。

图 11-19

Step 02 执行"文件"|"置入嵌入对象"命令，将素材文件"背景特效.jpg"置入文档，并调整到合适位置及大小，效果如图11-20所示。

图 11-20

Step 03 选择"背景特效"图层，设置其图层混合模式为"叠加"。在"图层"面板中，单击"添加图层蒙版"按钮 ，为"背景特效"图层添加一个图层蒙版，如图11-21所示。

相关链接

图层的"混合模式"是指当前图层中的像素与下方图像之间像素的颜色混合方式。图层的"混合模式"的相关操作请查阅本书第3章3.5节内容。

Step 04 在工具箱中选择"渐变工具" ，在工具选项栏"渐变编辑器"中选择黑色到白色的渐变 ，单击"线性渐变"按钮 ，在画面中从下往上拖动填充渐变，如图11-22所示。

图 11-21

图 11-22

相关链接

渐变是设计制图中常用的一种填充方式，使用渐变工具不仅能够制作出缤纷多彩的颜色，还能够使"单一颜色"产生不单调的视觉效果。将渐变效果应用到图层蒙版中，还能制作出由浅到深的过渡效果。"渐变工具" ■ 的相关操作请查阅本书第2章2.2.7节内容。

Step 05 蒙版选中状态下，在工具箱中选择"画笔工具" ✎，使用黑色柔边圆笔刷涂抹画面过渡处，使图像之间的过渡更加自然，如图11-23所示。

图 11-23

Step 06 在"图层"面板中单击"创建新的填充或调整图层"按钮 ◐，为"背景特效"图层添加一个"亮度/对比度"调整图层，并在调整图层的"属性"面板中调整"亮

度"与"对比度"的参数，如图11-24所示。

Step 07 创建一个"色阶"调整图层，并通过在调整图层的"属性"面板中调整色阶参数来调整画面，如图11-25所示。调整完成后得到的图像效果如图11-26所示。

图 11-24

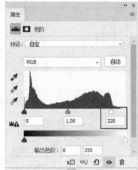

图 11-25

图 11-26

11.2.2 添加和处理素材

Step 01 执行"文件"|"置入嵌入对象"命令，将素材文件"书本.png"置入文档，并调整到合适大小及位置，如图11-27所示。

图 11-27

Step 02 在"图层"面板中单击"创建新的填充或调整图层"按钮 ◐，为"书本"图层添加一个"色相/饱和度"调整图层，然后在调整图层的"属性"面板中调整颜色参数，如图11-28所示，使"书本"素材与整个画面更加搭配。

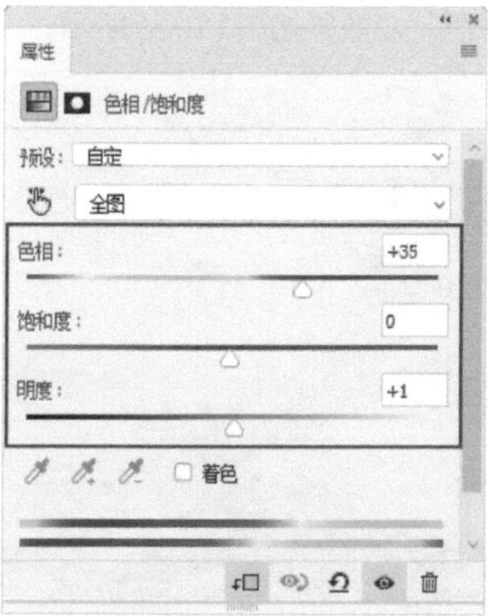

图 11-28

Step 03　执行"文件"|"置入嵌入对象"命令，将素材文件"飞翔的书本.png"置入文档，并调整到合适大小及位置，如图11-29所示。

图 11-29

Step 04　在"图层"面板中单击"创建新的填充或调整图层"按钮 ◑，为"飞翔的书本"图层添加一个"色相/饱和度"调整图层，然后在调整图层的"属性"面板中调整颜色参数，如图11-30所示，使"飞翔的书本"素材与整个画面更加搭配。

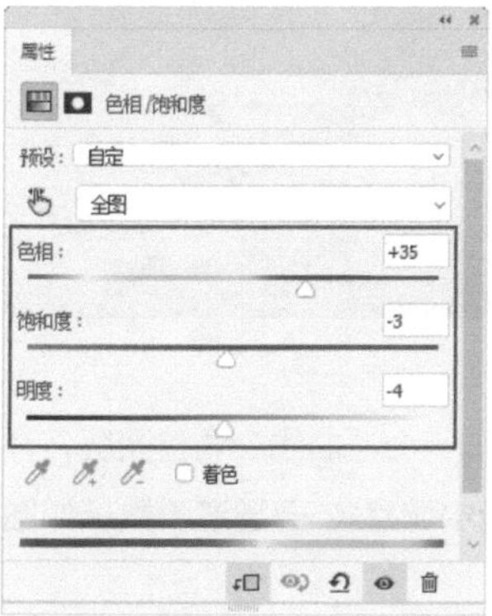

图 11-30

Step 05　执行"文件"|"置入嵌入对象"命令，将素材文件"月亮.png"置入文档，并调整到合适大小及位置，如图11-31所示。

图 11-31

Step 06　在"图层"面板中双击"月亮"图层，在弹出的"图层样式"对话框中勾选"外发光"复选框，并在右侧面板中设置外发光的各项参数，如图11-32所示。

图 11-32

Step 07　完成后单击"确定"按钮，得到效果如图11-33所示。

图 11-33

Step 08　为"月亮"图层添加一个"色相/饱和度"调整图层，然后在调整图层的"属性"面板中调整颜色参数，如图11-34所示，使"月亮"素材与整个画面更加搭配。

Step 09　执行"文件"|"置入嵌入对象"命令，将素材文件"蝙蝠.png"置入文档，调整到合适大小及位置，并调整其"不透明度"参数为80%，如图11-35所示，最终效果如图11-36所示。

图 11-34　　　　图 11-35

图 11-36

11.2.3 合成魔法效果

Step 01 执行"文件"|"置入嵌入对象"命令，将素材文件"光线1.png"置入文档，调整到合适大小及位置，并设置该图层的混合模式为"滤色"，效果如图11-37所示。

图 11-37

Step 02 在"图层"面板中单击"添加图层蒙版" 按钮，为"光线1"图层添加一个图层蒙版。图层蒙版选中状态下，在工具箱中选择"画笔工具"，使用黑色柔边圆笔刷涂抹素材边缘，擦除多余部分，使图像之间的过渡更加自然，效果如图11-38所示。

Step 03 执行"文件"|"置入嵌入对象"命令，将素材文件"城堡.jpg"置入文档，调整到合适大小及位置，并设

置该图层的混合模式为"滤色"，效果如图11-39所示。

图 11-38

图 11-39

Step 04 单击"添加图层蒙版"按钮，为"城堡"图层添加一个图层蒙版。图层蒙版选中状态下，在工具箱中选择"画笔工具"，使用黑色柔边圆笔刷涂抹素材边缘，擦除多余部分，只保留图像中间部分，效果如图11-40所示。

图 11-40

Step 05 为"城堡"图层添加一个"曲线"调整图层，并在调整图层的"属性"面板中调整RGB通道参数，如图11-41所示。

Step 06 为"城堡"图层添加一个"色相/饱和度"调整图层，并在调整图层的"属性"面板中调整颜色参数，如图11-42所示。

图 11-41　　　　　　图 11-42

Step 07 为"城堡"图层添加一个"亮度/对比度"调整图层，并在调整图层的"属性"面板中调整"亮度"与"对比度"参数，如图11-43所示。

图 11-43

Step 08 上述操作完成后，得到的图像效果如图11-44所示。

图 11-44

Step 09 执行"文件"|"置入嵌入对象"命令，将素材文件"光线2.png"置入文档，调整到合适大小及位置，并设置该图层的混合模式为"滤色"，效果如图11-45所示。

Step 10 执行"文件"|"置入嵌入对象"命令，将素材文件"火焰.png"置入文档，调整到合适大小及位置，并设置该图层的混合模式为"变亮"，如图11-46和图11-47所示。

图 11-45

图 11-46

图 11-47

Step 11 按快捷键Ctrl+J将"火焰"图层复制一层，并修改该图层的混合模式为"正常"，调整其"不透明度"参数为90%，如图11-48所示。将素材拖动摆放到合适的位置，效果如图11-49所示。

图 11-48

图 11-49

Step 12 按快捷键Alt＋Ctrl+Shift+E盖印可见图层，为该图层执行"图像"|"调整"|"色彩平衡"命令，在弹出的"色彩平衡"对话框中调整颜色参数，如图11-50所示，完成后单击"确定"按钮。

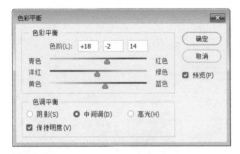

图 11-50

Step 13 执行"图像"|"调整"|"色相/饱和度"命令，在打开的"色相/饱和度"对话框中调整颜色参数，如图11-51所示，完成后单击"确定"按钮。

图 11-51

Step 14 执行"图像"|"调整"|"亮度/对比度"命令，在打开的对话框中调整"亮度"与"对比度"参数，如图11-52所示，完成后单击"确定"按钮。

Step 15 执行"图像"|"调整"|"色阶"命令，在打开的对话框中调整色阶参数，如图11-53所示，完成后单击"确定"按钮。

Step 16 至此，这幅"魔法之书"创意合成图就全部完成了，最终效果如图 11-54所示。

图 11-52

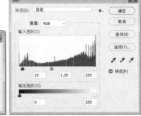

图 11-53

图 11-54

11.3 实战：乌龟小屋

相关文件	实战＼第11章＼11.3 实战：乌龟小屋
在线视频	第11章＼11.3 实战：乌龟小屋 .mp4
技术看点	素材的置入、调整图层、滤镜的应用、图层蒙版、画笔工具、创建选区

扫码看视频

本案例将制作一幅"乌龟小屋"合成图像。本案例的重点是通过图层蒙版和画笔工具的结合使用，来改善素材的差异，最后将素材融合到同一个场景中。

下面讲解本案例的具体操作步骤。

11.3.1 主体素材处理

Step 01 启动Photoshop CC 2019软件，执行"文件"|"打开"命令，或按快捷键Ctrl+O，打开素材文件"草地.jpg"，效果如图11-55所示。

图 11-55

Step 02 在图层面板中单击"创建新的填充或调整图层"按钮 ●，为"草地"图层添加一个"色彩平衡"调整图层，并在调整图层的"属性"面板中调整颜色参数，如图11-56所示。

图 11-56

Step 03 在工具箱中选择"套索工具" ○，在背景图像中创建选区，如图11-57所示。

图 11-57

Step 04 执行"滤镜"|"模糊"|"高斯模糊"命令，在打开的对话框中调整"半径"为3像素，如图11-58所示，完成后单击"确定"按钮。

图 11-58

Step 05 执行"文件"|"置入嵌入对象"命令，将素材文件"山.jpg"置入文档，并调整到合适位置及大小，如图

11-59所示。

图 11-59

Step 06 单击"图层"面板底部的"添加图层蒙版"按钮 ■，为"山"图层添加一个图层蒙版，如图11-60所示。

图 11-60

Step 07 在工具箱中选择"渐变工具" ■，在工具选项栏"渐变编辑器"中选择黑色到白色的渐变 ■，单击"线性渐变"按钮 ■，在画面中从下往上拖动填充渐变，如图11-61所示。

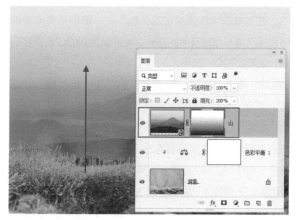

图 11-61

Step 08 执行"滤镜"|"模糊"|"高斯模糊"命令，在打开的对话框中调整"半径"为6像素，如图11-62所示，完

成后单击"确定"按钮。

图 11-62

Step 09 执行"文件"|"置入嵌入对象"命令，将素材文件"乌龟.png"置入文档，并调整到合适位置及大小，如图11-63所示。

图 11-63

Step 10 单击"图层"面板底部的"添加图层蒙版"按钮 ◻，为"乌龟"图层添加一个图层蒙版。蒙版选中状态下，在工具箱中选择"画笔工具" ✐，使用黑色柔边笔刷涂抹乌龟与草地接触的部分，使图像之间的过渡更加自然，效果如图11-64所示。

Step 11 单击"图层"面板底部的"创建新图层"按钮 ◻，新建一个空白图层放置在"乌龟"图层下方，并命名为"投影"。在工具箱中选择"画笔工具" ✐，将前景色设置为黑色，适当降低画笔的"不透明度"，在画面中涂抹乌龟与草地接触的部分，绘制投影，如图11-65所示。

Step 12 在"图层"面板中单击"创建新的填充或调整图层"按钮 ◒，为"乌龟"图层添加一个"曲线"调整图层，并在调整图层的"属性"面板中调整RGB通道参数，如图11-66所示。

图 11-64

图 11-65

图 11-66

Step 13 单击"曲线"调整图层右侧的蒙版，使用"画笔工具" ✐对乌龟的头部和龟壳的顶部进行涂抹，使其不受"曲线"调整图层的影响，如图11-67所示。

图 11-67

11.3.2 常青藤素材处理

Step 01 执行"文件"|"置入嵌入对象"命令，将素材文件"常青藤.jpg"置入文档，并调整到合适的位置及大小，如图11-68所示。

图 11-68

Step 02 单击"图层"面板底部的"添加图层蒙版"按钮 ◻ ，为"常青藤"图层添加一个图层蒙版。蒙版选中状态下，在工具箱中选择"画笔工具" 🖌️ ，使用黑色柔边笔刷涂抹掉多余部分，如图11-69所示。

图 11-69

Step 03 在"图层"面板中单击"创建新的填充或调整图层"按钮 ◉ ，为"常青藤"图层添加一个"曲线"调整图层，并在调整图层的"属性"面板中调整RGB通道参数，降低整体亮度，如图11-70所示。

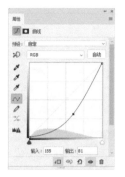

图 11-70

Step 04 蒙版选中状态下，使用"画笔工具" 🖌️ 涂抹"常青藤"图像左上半部分，显示部分图像，如图11-71所示。

图 11-71

Step 05 再次为"常青藤"图层添加一个"曲线"调整图层，并在调整图层的"属性"面板中调整RGB通道参数，提高整体亮度，如图11-72所示。

图 11-72

Step 06 蒙版选中状态下，使用"画笔工具" ✐涂抹"常青藤"图像右下半部分，显示部分图像，如图11-73所示。

图 11-73

Step 07 在"图层"面板中单击"创建新的填充或调整图层"按钮 ◑，为"常青藤"图层添加一个"色相/饱和度"调整图层，并在调整图层的"属性"面板中调整颜色参数，如图11-74所示。

图 11-74

Step 08 完成上述操作后，得到的图像效果如图11-75所示。

图 11-75

Step 09 单击"图层"面板底部的"创建新图层"按钮 ◻，新建一个空白图层放置在"常青藤"图层下方，并命名为"投影"。在工具箱中选择"画笔工具" ✐，将前景色设置为黑色，适当降低画笔的"不透明度"，在画面中涂抹常青藤与乌龟接触的部分，绘制投影，如图11-76所示。

图 11-76

11.3.3 窗户和烟囱素材处理

Step 01 按快捷键Ctrl+O，打开素材文件"窗户.jpg"。在工具箱中选择"矩形选框工具" ▢，在画面中创建一个矩形选区，如图11-77所示。

图 11-77

Step 02 使用"移动工具" ✛将窗户选区图像拖入文档，并将图层命名为"窗户"，按快捷键Ctrl+T展开定界框，将窗户调整到合适的大小及位置，如图11-78所示。

Step 03 在定界框内右击，在弹出的快捷菜单中选择"变形"命令，用鼠标拖动变形框来调整窗户形状，如图11-79所示。

图 11-78

图 11-79

Step 04 单击"图层"面板底部的"添加图层蒙版"按钮，为"窗户"图层添加一个图层蒙版。蒙版选中状态下，在工具箱中选择"画笔工具"，使用黑色柔边笔刷涂抹窗户边缘部分，使其融入常青藤中，如图11-80所示。

图 11-80

Step 05 用添加"窗户"素材同样的方法，在文档中继续添加"门"素材，并为其添加图层蒙版进行修饰，效果如图

11-81所示。

图 11-81

Step 06 在"图层"面板中单击"创建新的填充或调整图层"按钮，为"门"图层添加一个"色相/饱和度"调整图层，并在调整图层的"属性"面板中调整颜色参数，如图11-82所示。

图 11-82

Step 07 用同样的方法，继续为"门"图层添加"色彩平衡"与"色阶"调整图层，并分别在调整图层的"属性"面板中进行参数调整，如图11-83和图11-84所示。完成上述操作后，得到的图像效果如图11-85所示。

图 11-83   图 11-84

Step 08 按快捷键Ctrl+O，将素材文件"烟囱.jpg"打开。在工具箱中选择"多边形套索工具"创建选区，如图11-86所示。

图 11-85

图 11-86

Step 09 使用"移动工具" ⊕ 将选区图像拖入文档，并将图层命名为"烟囱"，按快捷键Ctrl+T展开定界框，将烟囱调整到合适的大小及位置，如图11-87所示。

图 11-87

 相关链接

"多边形套索工具" ▷ 能够创建出带有尖角的选区，在绘制楼房、书本等对象的选区时使用起来非常方便。"多边形套索工具" ▷ 的相关操作请查阅本书第2章2.1.2节内容。

Step 10 单击"图层"面板底部的"添加图层蒙版"按钮 ◻ ，为"烟囱"图层添加一个图层蒙版。蒙版选中状态下，在工具箱中选择"画笔工具" ✔ ，使用黑色柔边笔刷涂抹边缘部分，使其融入常青藤，如图11-88所示。

图 11-88

Step 11 执行"文件"|"置入嵌入对象"命令，将素材文件"炊烟.jpg"置入文档，调整到合适位置及大小后，修改对应图层的混合模式为"滤色"，并为其添加一个蒙版，然后使用"画笔工具" ✔ 在图像中涂抹掉多余的部分，效果如图11-89所示。

图 11-89

Step 12 在"图层"面板中单击"创建新的填充或调整图层"按钮 ◐ ，为"炊烟"图层添加一个"色相/饱和度"调整图层，并在调整图层的"属性"面板中调整颜色参数，降低炊烟图像的饱和度，如图11-90所示。

Step 13 用同样的方法，为"炊烟"图层添加一个"色阶"调整图层，并在"属性"面板中调整色阶参数，让炊烟产生稀薄的效果，如图11-91所示，效果如图11-92所示。

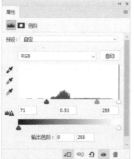

图 11-90　　　　　　　图 11-91

图 11-92

11.3.4 合成画面

Step 01 执行"文件"|"置入嵌入对象"命令，将素材文件"灯.png"置入文档，并调整到合适的位置和大小。然后在工具箱中选择"橡皮擦工具" ，将"灯"素材周围多余的图像擦除，效果如图11-93所示。

图 11-93

Step 02 单击"图层"面板底部的"创建新图层"按钮 ，新建一个空白图层放置在"灯"图层上方，并命名为"灯光1"。在工具箱中选择"画笔工具" ，将前景色设置为深红色（R:42,G:27,B:1），在图像上涂抹，效果如图11-94所示。

图 11-94

Step 03 在图层面板中修改"灯光1"图层的混合模式为"滤色"，最终效果如图11-95所示。

图 11-95

Step 04 单击"图层"面板底部的"创建新图层"按钮 ，新建一个空白图层放置在"灯光1"图层上方，并命名为"灯光2"。在工具箱中选择"画笔工具" ，将前景色设置为黄色（R:255,G:220,B:154），在灯上涂抹，并设置图层混合模式为"叠加"，效果如图11-96所示。

图 11-96

Step 05 执行"文件"|"置入嵌入对象"命令，分别将素材文件"小鸟.png"和"光影.jpg"置入文档，并调整到合适的位置和大小，如图11-97所示。

图 11-97

Step 06 在"图层"面板中，设置"光影"图层的混合模式为"滤色"，然后为该图层执行"滤镜"|"模糊"|"高斯模糊"命令，在打开的"高斯模糊"对话框中，设置"半径"参数为8像素，如图11-98所示，完成后单击"确定"按钮。

图 11-98

Step 07 单击"图层"面板底部的"添加图层蒙版"按钮，为"光影"图层添加一个图层蒙版。蒙版选中状态下，在工具箱中选择"画笔工具"，使用黑色柔边笔刷涂抹掉乌龟身上的光斑，如图11-99所示。

图 11-99

Step 08 按快捷键Alt + Ctrl+Shift+E盖印可见图层，对该图层执行"图像"|"调整"|"色相/饱和度"命令，在打开的"色相/饱和度"对话框中调整颜色参数，如图11-100所示，完成后单击"确定"按钮。

图 11-100

Step 09 执行"图像"|"调整"|"色彩平衡"命令，在打开的"色彩平衡"对话框中调整颜色参数，如图11-101所示，完成后单击"确定"按钮。

Step 10 执行"图像"|"调整"|"色阶"命令，在打开的"色阶"对话框中调整色阶参数，如图11-102所示，完成后单击"确定"按钮。

图 11-101　　　　　　　　图 11-102

Step 11 至此，这幅"乌龟小屋"创意合成图就全部完成了，最终效果如图 11-103所示。

图 11-103

第 **12** 章 图标绘制

图标是具有明确指代含义的计算机图形。其中，桌面图标是软件的标识，界面中的图标是功能的标识。图标的设计源于生活中的各种图形标识，是计算机或移动端应用图形化的重要组成部分。

本章将通过几个图标的制作案例，向读者介绍图标设计时几个常用的Photoshop功能，包括形状工具、图层样式、蒙版、文字创建和内容编辑等，帮助大家系统地学习使用Photoshop设计与制作图标的方法及技巧。

12.1 实战：能量药丸图标

相关文件	实战\第12章\12.1 实战：能量药丸图标
在线视频	第12章\12.1 实战：能量药丸图标 .mp4
技术看点	渐变工具、图形工具、图层混合模式、图层样式、钢笔工具、滤镜的应用

扫码看视频

本案例将教大家绘制一个能量药丸图标。制作该案例操作需要大家熟练使用形状工具、"钢笔工具"和图层样式，特别是最后绘制药丸的高光部分和白色光斑时，读者需要对物体的光影走向有一定了解。

下面讲解本案例的具体操作步骤。

12.1.1 绘制药丸

Step 01 启动Photoshop CC 2019软件，执行"文件"|"新建"命令，新建一个高为800像素、宽为800像素、分辨率为72像素/英寸的空白文档。

Step 02 设置前景色为蓝色（R:63,G:57,B:142），设置背景色为深灰色（R:52,G:52,B:55）。在工具箱中选择"渐变工具" ，然后在工具选项栏"渐变编辑器"中选择"前景色到背景色渐变"，单击"径向渐变"按钮 ，在文档中为背景添加径向渐变，如图12-1所示。

图 12-1

Step 03 在工具箱中选择"圆角矩形工具" ，在文档中单击，在打开的"创建圆角矩形"对话框中设置"宽度"为220像素，设置"高度"为400像素，并勾选"从中心"复选框，如图12-2所示，完成设置后单击"确定"按钮。

图 12-2

Step 04 为上述创建的圆角矩形填充白色。在"图层"面板中将圆角矩形对应的图层命名为"胶囊"，并在圆角矩形的"属性"面板中调整圆角的半径，使它变得更加圆润，然后将圆角矩形旋转45°，此时得到的图形效果如图12-3所示。

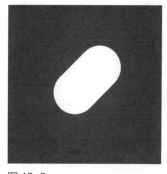

图 12-3

Step 05 双击"胶囊"图层，在打开的"图层样式"对话框中勾选"内发光"复选框，并在右侧的"内发光"面板中修改"混合模式"为柔光，设置"不透明度"为22%，设置颜色为绿色（R:61,G:255,B:142），并调整"大小"为100像素，如图12-4所示。

Step 06 设置完成后单击"确定"按钮，在"图层"面板修改该图层的"填充"为0，得到的图形效果如图12-5所示。

图 12-4　　　　　　　图 12-5

相关链接

为绘制的图标添加图层样式，可以制作出立体且生动的图形效果。图层样式的相关操作请查阅本书第3章3.4节内容。

Step 07 按快捷键Ctrl+J复制"胶囊"图层，得到"胶囊 拷贝"图层，将其所带的"内发光"效果删除。然后双击该图层，打开"图层样式"对话框，在其中勾选"内阴影"复选框，并在右侧的"内阴影"面板中修改"混合模式"为正常、颜色为绿色（R:61,G:255,B:142），设置"不透明度"为100%，同时调整"距离"为8像素，调整"大小"为49像素，如图12-6所示，完成设置后单击"确定"按钮。

图 12-6

Step 08 将"胶囊"图层再复制一层，得到"胶囊 拷贝2"图层，双击该图层，打开"图层样式"对话框，参照图12-7修改"内阴影"选项的参数。完成设置后单击"确定"按钮，此时得到的图形效果如图12-8所示。

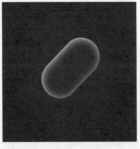

图 12-7　　　　　　　图 12-8

Step 09 使用"椭圆工具"在文档中创建一个"宽度"为286像素、"高度"为48像素的椭圆形（白色填充且无描边），将该图层命名为"水面轮廓"。双击该图层，在打开的"图层样式"对话框中勾选"内发光"复选框，并在右侧的参数面板中修改"混合模式"为"正常"，设置"不透明度"为85%，设置"大小"为8像素、颜色为绿色（R:15,G:208,B:108），如图12-9所示，设置完成后单击"确定"按钮，并在"图层"面板中调整图层的"填充"为0。

图 12-9

Step 10 使用"椭圆工具"创建一个"宽度"为230像素、"高度"为28像素的椭圆形，为其填充深绿色（R:26,G:139,B:86）。执行"滤镜"|"模糊"|"高斯模糊"命令，在打开的对话框中设置"半径"为6.5像素，如图12-10所示。完成设置后单击"确定"按钮，得到的图形效果如图12-11所示。

图 12-10　　　　　　　图 12-11

12.1.2 绘制闪电

Step 01 使用"钢笔工具"绘制一个图12-12所示的白色无描边图形，并将该图形对应的图层命名为"闪电1"。

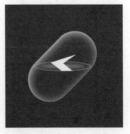

图 12-12

Step 02 为"闪电1"图层添加"内阴影"与"渐变叠加"图层样式，参数设置如图12-13和图12-14所示。

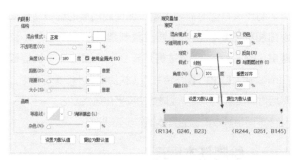

图 12-13　　　　　　　图 12-14

Step 03 完成上述设置后，得到的图形效果如图12-15所示。用同样的方法继续绘制图形的剩余组成部分（这里一共划分了5个部分），并添加合适的图形样式，效果如图12-16所示。

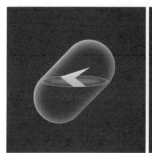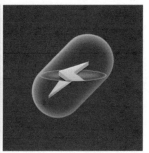

图 12-15　　　　　　　图 12-16

Step 04 使用"椭圆工具"○绘制一个填充为绿色（R:179,G:253,B:23）的无描边圆形，如图12-17所示。

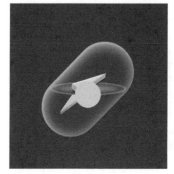

图 12-17

?? 答疑解惑：绘制水中的闪电图形时需要注意什么？

　　闪电在插入水中时会产生折射效果，除了将图形拆分为水面上与水面下两个部分外，还需要添加适当的阴影来表现图形的立体效果。

Step 05 执行"滤镜"|"模糊"|"高斯模糊"命令，在打开的对话框中调整"半径"参数为28.8像素，完成后得到

的效果如图12-18所示。

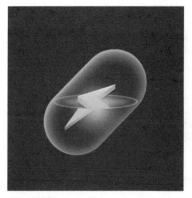

图 12-18

Step 06 用同样的方法，继续绘制几何图形并进行适当模糊，来制作水底反光，如图12-19和图12-20所示。

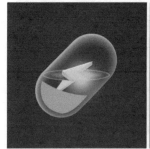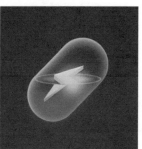

图 12-19　　　　　　　图 12-20

Step 07 使用"钢笔工具"❏沿着胶囊图形边缘绘制两组图形，填充浅绿色（R:177，G:255，B:199）作为高光，如图12-21所示，在"图层"面板中降低图形的"不透明度"到20%，使效果更加自然。

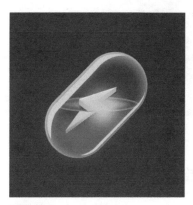

图 12-21

Step 08 使用"钢笔工具"❏和"椭圆工具"○在图形左上角绘制白色光斑图形，效果如图12-22所示。

Step 09 为上述绘制的白色光斑图形添加"内发光"图层样式，设置其"混合模式"为"滤色"，设置"不透明度"为100%、颜色为白色，如图12-23所示。

图 12-22　　　　　　　　图 12-23

Step 10 在"图层"面板中调整白色光斑图形的"不透明度"为70%，调整"填充"为50%，如图12-24所示。完成设置后得到的图形效果如图12-25所示。

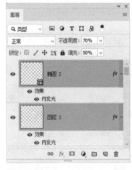

图 12-24　　　　　　　　图 12-25

Step 11 在文档中绘制气泡，并添加文字优化图像，最终效果如图12-26所示。

图 12-26

12.2 实战：扁平风格相册图标

相关文件	实战 \ 第 12 章 \ 12.2 实战：扁平风格相册图标	
在线视频	第 12 章 \ 12.2 实战：扁平风格相册图标 .mp4	
技术看点	图形工具、图形填充、旋转复制、布尔运算、路径选择工具、渐变叠加、图层混合模式	扫码看视频

本案例将教大家绘制一款扁平化风格的相册图标，这类设计在手机、游戏、互联网等新兴行业中十分常见。制作该案例时需要大家灵活使用图层的编辑命令来创建图标的轮廓，如"通过复制建立一个图层"（快捷键Ctrl+J）、"通过剪切建立一个图层"（快捷键Ctrl+Shift+J）和"图层合并"（快捷键Ctrl+E）等命令，然后再添加渐变效果制成最终的扁平化风格图标。

下面讲解本案例的具体操作步骤。

12.2.1 绘制基本图形

Step 01 启动Photoshop CC 2019软件，执行"文件"|"新建"命令，新建一个高为800像素、宽为800像素、分辨率为72像素/英寸的空白文档。设置"前景色"为蓝色（R:111,G:182,B:255），然后按快捷键Alt+Delete为画布填充前景色。

Step 02 在工具箱中选择"圆角矩形工具" □，在工具选项栏中设置填充颜色为白色，设置描边为无，然后在文档中单击，打开"创建圆角矩形"对话框，参照图 12-27进行参数设置，完成后单击"确定"按钮，并在文档中拉出水平方向和竖直方向上的参考线，效果如图 12-28所示。

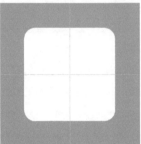

图 12-27　　　　　　　　图 12-28

🔁 **相关链接**

　　在绘制一些对称图形时，打开参考线可以让我们的绘制工作变得更加轻松。Photoshop为用户提供了智能参考线、网格、标尺等视图辅助工具，相关操作请查阅本书第2章2.5节内容。

Step 03 在"圆角矩形工具" □选取状态下，在工具选项栏中设置填充颜色为灰色（R:140,G:140,B:140），设置描边为无，然后在文档中单击，打开"创建圆角矩形"对话框，参照图12-29进行参数设置，完成后单击"确定"按钮。根据参考线，将绘制的圆角矩形摆放到合适位置，如图12-30所示。

图 12-29　　　　　　图 12-30

Step 04 使用"路径选择工具" ▶ 选择上述绘制的圆角矩形，按住Alt键并向下拖动图形，复制一个相同的圆角矩形，如图12-31所示，该矩形所对应的图层为"圆角矩形2"。

图 12-31

Step 05 在"图层"面板中选择"圆角矩形2"图层，按快捷键Ctrl+J复制一层，得到"圆角矩形2 拷贝"图层，如图 12-32所示。

Step 06 选择"圆角矩形2 拷贝"图层，按快捷键Ctrl+T展开定界框，在工具选项栏中单击"使用参考点相关定位"按钮 △ 后，调整"旋转"为45°，使两个圆角矩形组合旋转，如图 12-33所示，完成旋转操作后按Enter键确认。

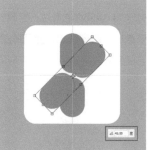

图 12-32　　　　　　图 12-33

Step 07 按快捷键Ctrl+Shift+Alt+T进行旋转复制，按两次后可得到图 12-34所示效果。

Step 08 在"图层"面板中选择"圆角矩形2"和"圆角矩形2 拷贝"图层，按快捷键Ctrl+E将这两个图层合并，并将合并所得的图层命名为"多边形"，如图 12-35所示。

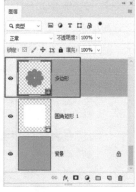

图 12-34　　　　　　图 12-35

Step 09 选择"多边形"图层，按快捷键Ctrl+J复制一层，得到"多边形 拷贝"图层。单击 ◉ 按钮将该图层暂时隐藏备用，如图 12-36所示。

Step 10 选择"多边形"图层，使用"路径选择工具" ▶ 选择图形中的单个圆角矩形，如图 12-37所示。

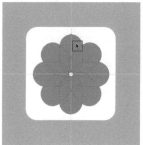

图 12-36　　　　　　图 12-37

Step 11 按快捷键Ctrl+Shift+J可以将选择的单个圆角矩形分离出来，并重新分配到新的图层中，如图12-38所示。

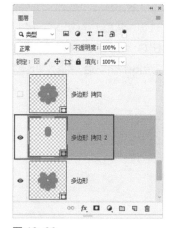

图 12-38

Step 12 选择"多边形"图层，继续使用"路径选择工具" ▶ 选择图形中的第2个圆角矩形元素，如图12-39所示。

Step 13 按快捷键Ctrl+Shift+J将上述选择的第2个圆角矩形分离出来，并重新分配到新的图层中，如图12-40所示。用同样的方法将剩下的圆角矩形分配到新图层。

 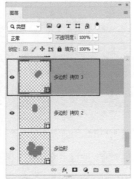

图 12-39　　　　　　　　　图 12-40

Step 14 选择顶部圆角矩形对应的"多边形 拷贝2"图层，在"路径选择工具" ▶ 选中图形的情况下，在工具选项栏中设置填充颜色为橘黄色（R:250,G:156,B:34），操作完成后效果如图 12-41所示。

图 12-41

Step 15 按照顺序依次选中每一个圆角矩形，用上述同样的方法，分别修改填充为黄色（R:255,G:231,B:0）、绿色（R:199,G:221,B:49）、深绿（R:103,G:196,B:131）、蓝色（R:101,G:182,B:231）、紫色（R:150,G:141,B:198）、浅紫（R:206,G:139,B:190）和红色（R:244,G:100,B:101），完成操作后得到的图形效果如图12-42所示。

图 12-42

Step 16 在"图层"面板中，将每个圆角矩形对应图层的混合模式设置为"线性加深"，并将这些图层的"填充"参数统一设置为95%，如图 12-43所示。得到的图形效果如图 12-44所示。

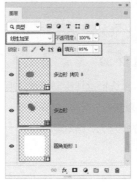 

图 12-43　　　　　　　　　图 12-44

12.2.2 添加渐变效果

Step 01 在"图层"面板中双击"多边形"图层，在打开的"图层样式"对话框中勾选"渐变叠加"复选框，并在右侧面板中参照图 12-45进行参数调整，完成设置后单击"确定"按钮，此时得到的图形渐变效果如图 12-46所示。

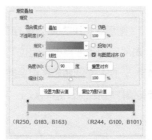 

图 12-45　　　　　　　　　图 12-46

Step 02 用同样的方法，为剩下的多边形图层统一添加"渐变叠加"图层样式，使图形左右两侧的颜色更协调，调整完成后的效果如图 12-47所示。

图 12-47

Step 03 下面通过布尔运算，让图形中心相交的部分颜色更深。在"图层"面板中恢复"多边形 拷贝"图层的显示，并将其放置在顶层。使用"路径选择工具" ▶ 选中每一个图形，如图 12-48所示。

图 12-48

答疑解惑：什么是布尔运算?

　　布尔是英国的数学家，他在1847年发明了处理两个数值之间关系的逻辑数学计算方法，包括联合、相交和相减，即布尔运算。布尔运算不仅被广泛应用于数学、逻辑学、计算机科学等重要学术领域中，在美学设计领域中同样应用广泛。在使用Photoshop进行图形处理操作时就可以引用这一逻辑运算方法，使简单的基本图形组合产生新的形体和图像，如图 12-49所示。

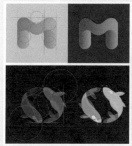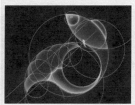

图 12-49

　　布尔运算在Photoshop中是通过路径的操作来实现的，如果要使用钢笔或形状工具创建多个子路径或子形状，可以在工具选项栏中单击"路径操作"按钮，在打开的子菜单中选择一个运算命令，来确定子路径的重叠区域产生什么样的交叉结果，如图 12-50所示。

图 12-50

答疑解惑：在"路径选择工具" ▶ 选取状态下，如何加选图形?

　　按住Shift键的同时，单击新的图形元素即可加选。

Step 04 在工具选项栏中单击"路径操作"按钮，在打开的子菜单中选择"排除重叠形状"命令，如图 12-51所示。操作完成后，图形的重叠部分将会被消除，效果如图 12-52所示。

图 12-51　　　　　　　　　图 12-52

Step 05 在工具箱中选择"椭圆工具" ○，按住Shift+Alt组合键并在"多边形 拷贝"图层中拖动绘制一个圆形，然后使用"路径选择工具" ▶ 调整圆形的位置，将其摆放至图层中央位置，如图12-53所示。

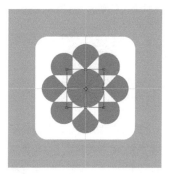

图 12-53

Step 06 在工具选项栏中单击"路径操作"按钮，在打开的下拉菜单中选择"与形状区域相交"命令，如图12-54所示，操作完成后将得到图12-55所示效果。

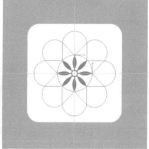

图 12-54　　　　　　　　　图 12-55

Step 07 在"图层"面板中设置"多边形 拷贝"图层的混合模式为"线性加深",设置图层"填充"参数为20%,如图 12-56所示。

Step 08 至此,这个扁平风格相册图标就制作完成了,最终效果如图 12-57所示。

图 12-56 图 12-57

12.3 实战:复古收音机图标

相关文件	实战\第 12 章\12.3 实战:复古收音机图标
在线视频	第 12 章\12.3 实战:复古收音机图标(上).mp4 12.3 实战:复古收音机图标(下).mp4
技术看点	图形工具、图形填充、画笔工具、滤镜、图层样式、图层、钢笔工具、图形羽化、文字工具

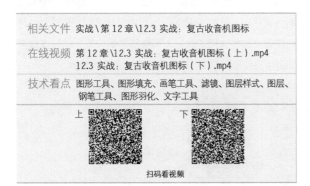

扫码看视频

本案例将教大家绘制一个复古收音机图标,图标外形可以通过各类形状工具来完成,难点在于收音机上各组件质感的塑造。Photoshop作为一款平面图像处理软件,不能像三维软件那样创建模型,然后在模拟环境下直接渲染得到效果图,但能通过图层样式的合理运用来创建图形细节。

下面讲解本案例的具体操作步骤。

12.3.1 绘制外框

Step 01 启动Photoshop CC 2019软件,执行"文件" | "新建"命令,新建一个高为600像素、宽为800像素、分辨率为72像素/英寸的空白文档。

Step 02 在工具箱中选择"矩形工具" □,绘制一个与文档大小一致的粉色(R:221,G:186,B:180)无描边矩形,对应得到"矩形1"图层,如图12-58所示。

Step 03 单击"图层"面板底部的"创建新图层"按钮 □,新建一个空白图层放置在"矩形1"图层上方,并命名为"暗角加深"。为该图层填充黑色,并设置图层混合模式为"柔光",如图12-59所示。

Step 04 单击"图层"面板底部的"添加图层蒙版"按钮 □,为"暗角加深"图层添加一个图层蒙版,并为蒙版填充黑色。在工具箱中选择"画笔工具" ✎,在工具选项栏中设置合适的"不透明度"和"流量"参数,如图12-60所示,使用白色柔边笔刷均匀涂抹矩形的边角。

图 12-58

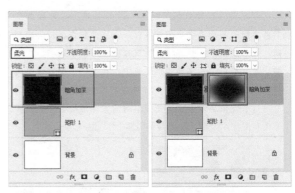

图 12-59 图 12-60

Step 05 执行"滤镜" | "模糊" | "高斯模糊"命令,在打开的"高斯模糊"对话框中调整"半径"为100像素,如图12-61所示,完成后单击"确定"按钮,得到的效果如图12-62所示。

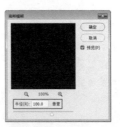

图 12-61

图 12-62

Step 06 在工具箱中选择"圆角矩形工具"□，在工具选项栏中设置填充颜色为黄色（R:255,G:215,B:193），设置描边为无，然后在文档中单击，在打开的"创建圆角矩形"对话框中参照图12-63进行参数设置。完成后单击"确定"按钮，将得到图12-64所示图形，将该图形对应的图层命名为"外框"。

图 12-63

图 12-64

Step 07 在工具箱中选择"添加锚点工具"⬧，在圆角矩形中心单击，添加一个锚点，按住Ctrl键并将该锚点向上移动适当距离，然后调整两端锚点，使圆角矩形的顶部更加圆滑，如图12-65所示。

图 12-65

Step 08 在"图层"面板中双击"外框"图层，在打开的"图层样式"对话框中勾选"斜面和浮雕"选项，并在右侧面板中设置各项参数，如图12-66所示。

Step 09 在工具箱中选择"钢笔工具"⬧，在"外框"图层下方绘制一个填充为深红色（R:29,G:10,B:4）且无描边的图形，并将该图形对应的图层命名为"底部"，如图12-67所示。

图 12-66

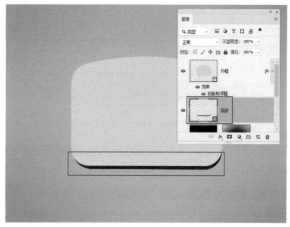

图 12-67

Step 10 在工具箱中选择"圆角矩形工具"□，在工具选项栏中设置填充颜色为深红色（R:38,G:12,B:4），设置描边为无，然后在文档中单击，在打开的"创建圆角矩形"对话框中参照图12-68进行参数设置。

图 12-68

Step 11 完成后单击"确定"按钮，将得到图12-69所示形状，将该图形对应的图层命名为"金属暗部"。

Step 12 按快捷键Ctrl+Alt+G向下创建剪贴蒙版，使其作用于"外框"图层，然后在"属性"面板中设置蒙版"羽化"为8.4像素，如图12-70所示。

图 12-69

图 12-70

Step 13 按快捷键Ctrl+J将"金属暗部"图层复制一层，并命名为"外框反光"，然后修改该圆角矩形的填充颜色为黄色（R:175,G:129,B:108），在"属性"面板中修改蒙版"羽化"为0.5像素，如图12-71所示。

图 12-71

Step 14 按快捷键Ctrl+J将"外框"图层复制一层，放置到"图层"面板顶层，并命名为"机身-深色底"右击，在弹出的快捷菜单中选择"清除图层样式"命令，此时图像效果如图12-72所示。

图 12-72

Step 15 在"图层"面板中双击"机身-深色底"图层，在打开的"图层样式"对话框中勾选"渐变叠加"复选框，并在右侧参数面板中调整各项参数，如图12-73所示。其中渐变颜色设置可参考图12-74。

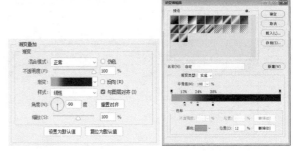

图 12-73   图 12-74

Step 16 完成上述操作后，单击"确定"按钮。按快捷键Ctrl+T展开定界框进行自由变换，将图形进行适当缩放，效果如图12-75所示。

图 12-75

Step 17 单击"图层"面板底部的"创建新图层"按钮，新建一个空白图层放置到顶层，并命名为"底部高光"。在工具箱中选择"钢笔工具"，在底部勾勒出高光路径，效果如图12-76所示。

图 12-76

Step 18 路径勾勒完成后，按快捷键Ctrl+Enter建立选区，为选区图形填充黄色（R:215,G:164,B:141），然后执行"滤镜"|"模糊"|"高斯模糊"命令，在打开的对话框中设置"半径"为1像素，单击"确定"按钮，得到的图像效果如图12-77所示。

Step 19 用同样的方法，单击"图层"面板底部的"创建新图层"按钮，新建一个空白图层放置到顶层，并命名为"左侧暗部-加深"。然后在工具箱中选择"钢笔工具"⬭，在图形左侧勾勒出暗部路径后建立选区，填充深红色（R:49,G:22,B:11）。接着单击"图层"面板底部的"添加图层蒙版"按钮⬜，为"左侧暗部-加深"图层添加一个图层蒙版，并在"属性"面板中设置蒙版"羽化"为0.4像素，如图12-78所示。

图 12-77

图 12-78

Step 20 蒙版选中状态下，在工具箱中选择"画笔工具"🖌，在工具选项栏中设置合适的"不透明度"和"流量"参数后，使用黑色柔边笔刷均匀涂抹图形两端，使图形过渡更加自然。用同样的方法，继续在图形中绘制其他的暗部及高光部分，使整个图形更加立体。这里由于篇幅有限，不再重复讲解。

12.3.2 绘制机身

Step 01 按快捷键Ctrl+J将"机身-深色底"图层复制一层放置到顶层，清除图层样式并命名为"机身"。

Step 02 为"机身"图层填充灰白色（R:238，G:234，B:220），按快捷键Ctrl+T展开定界框进行自由变换，使其与下方的外框形状保持适当距离，如图12-79所示。

图 12-79

Step 03 双击"机身"图层，在打开的"图层样式"对话框中勾选"斜面和浮雕"复选框，并在右侧参数面板中调整各项参数，如图12-80所示。

图 12-80

Step 04 在"图层样式"对话框中，勾选"内阴影"复选框，并在右侧参数面板中调整各项参数，如图12-81所示。

Step 05 再添加一组"内阴影"图层样式，并参照图12-82调整内阴影参数。

图 12-81　　　　　　　图 12-82

答疑解惑：如何在"图层样式"对话框中添加相同的图层样式？

在"图层样式"对话框中，单击某一样式后的⊞按钮，即可添加一个相同样式。如果要对样式进行删除，可选中样式后单击对话框中的"删除效果"按钮⬛。

Step 06 完成图层样式的设置后，单击"确定"按钮，图像效果如图12-83所示，可以看到图像表面更加具有立体感了。

Step 07 按快捷键Ctrl+J将"机身-深色底"图层复制一层放置在其上方，清除图层样式并命名为"机身体积"。双击"机身体积"图层，在打开的"图层样式"对话框中勾选"内阴影"复选框，并在右侧参数面板中设置各项参数，如图12-84所示，完成设置后单击"确定"按钮，在图层面板中调整其"填充"为0。

图 12-83

Step 08 按快捷键Ctrl+J将"机身体积"图层复制一层放置在其上方，并命名为"机身反光"。双击"机身反光"图层，在打开的"图层样式"对话框中选择之前已勾选的"内阴影"复选框，然后在右侧参数面板中设置各项参数，如图12-85所示，完成设置后单击"确定"按钮。

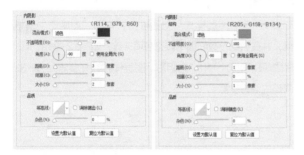

图 12-84   图 12-85

Step 09 将"机身反光"对应的图形向上移动一些距离，使机身下方产生一些反光效果，如图12-86所示。

图 12-86

Step 10 按快捷键Ctrl+J将"机身"图层复制一层放置在其上方，清除图层样式并命名为"机身反光2"。双击"机身反光2"图层，在打开的"图层样式"对话框中勾选"内阴影"复选框，并在右侧参数面板中设置各项参数，如图12-87所示，完成设置后单击"确定"按钮。

Step 11 在"图层"面板中调整"机身反光2"图层的"填充"参数为0%，如图12-88所示。

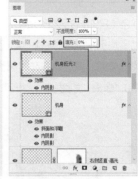

图 12-87   图 12-88

?? 答疑解惑："清除图层样式"只会清除图层样式吗？

当我们复制图层后，右击，在弹出的快捷菜单中选择"清除图层样式"命令，此时不仅会清除图层样式，图层的混合模式、"不透明度"与"填充"属性也会被重置。

12.3.3 绘制机身高光

Step 01 单击"图层"面板底部的"创建新图层"按钮，新建一个空白图层放置顶层，并命名为"高光-右"。在工具箱中选择"钢笔工具"，在机身右侧勾勒出高光路径，如图12-89所示。

图 12-89

Step 02 按快捷键Ctrl+Enter建立选区，并为选区图形填充白色（R:253,G:251,B:244），在"图层"面板中修改图层混合模式为"滤色"，调整"不透明度"参数为50%，并执行"滤镜"|"模糊"|"高斯模糊"命令，在打开的对话框中调整"半径"参数为1.5像素，单击"确定"按钮，完成图形的羽化操作，效果如图12-90所示。

Step 03 按快捷键Ctrl+J将"高光-右"图层复制一层，并命名为"高光-左"，按快捷键Ctrl+T展开定界框，右击，在弹出的快捷菜单中选择"水平翻转"命令，将图形进行翻转，然后移动摆放至机身左侧，如图12-91所示。

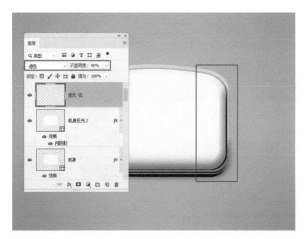

图 12-90

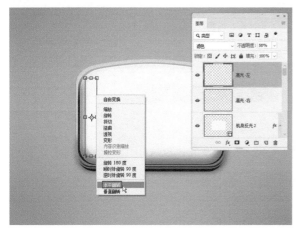

图 12-91

Step 04 单击"图层"面板底部的"创建新图层"按钮
, 新建一个空白图层放置到面板顶层, 并命名为"高
光-顶"。在工具箱中选择"钢笔工具", 在机身顶端勾
勒出高光路径, 如图12-92所示。

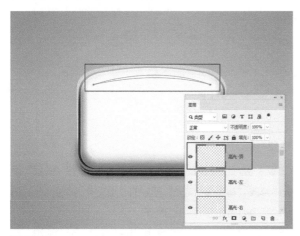

图 12-92

Step 05 按快捷键Ctrl+Enter建立选区, 并为选区图形填充
白色, 在"图层"面板中修改图层混合模式为"滤色",

调整"不透明度"参数为80%, 并执行"滤镜"|"模
糊"|"高斯模糊"命令, 在打开的对话框中调整"半径"
参数为1.2像素, 单击"确定"按钮, 完成图形的羽化操
作, 效果如图12-93所示。

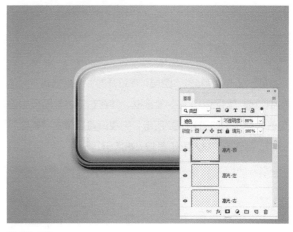

图 12-93

Step 06 同样的, 新建空白图层命名为"高光-底", 用
"钢笔工具"绘制底部高光路径, 创建选区并填充浅黄
色（R:246,G:241,B:227）, 然后修改图层混合模式为
"柔光", 调整"不透明度"参数为90%, 并将图形羽化
4.5像素, 如图12-94所示。

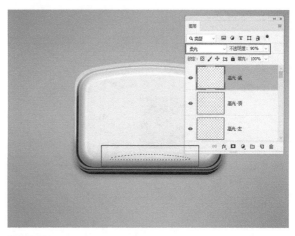

图 12-94

12.3.4 绘制音箱条

Step 01 在工具箱中选择"圆角矩形工具", 在工具选
项栏中设置填充颜色为黑色（R:38,G:34,B:31）, 设置描
边为无, 然后在文档中单击, 打开"创建圆角矩形"对话
框, 参照图12-95进行参数设置。

Step 02 完成后单击"确定"按钮, 将该圆角矩形摆放到合适
位置, 如图12-96所示, 并将该形状对应的图层命名为"音
箱条"。

图 12-95　　　　　　图 12-96

Step 03 双击"音箱条"图层，在打开的"图层样式"对话框中勾选"斜面和浮雕"复选框，并在右侧参数面板中设置各项参数，如图12-97所示。完成设置后单击"确定"按钮，得到的图像效果如图12-98所示。

图 12-97　　　　　　图 12-98

Step 04 执行"文件"|"置入嵌入对象"命令，将素材文件"纹理.jpg"置入文档，并调整到合适的大小及位置，如图12-99所示。

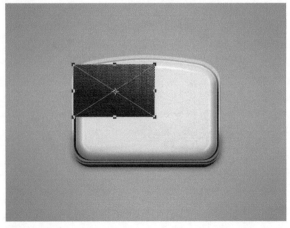

图 12-99

Step 05 按快捷键Ctrl+Alt+G向下创建剪贴蒙版，使其作用于下方的"音箱条"图层，得到的图形效果如图12-100所示。

Step 06 单击"图层"面板底部的"创建新图层"按钮 🖿，新建一个空白图层放置到顶层，并命名为"内部体积"。在工具箱中选择"钢笔工具" ◇，在音箱条内部勾勒出路径，按快捷键Ctrl+Enter创建选区后，填充深黄色（R:109,G:95,B:69），如图12-101所示。

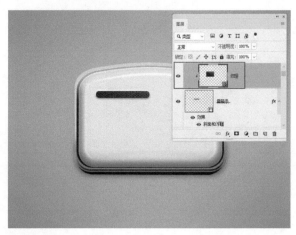

图 12-100

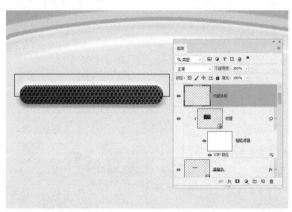

图 12-101

Step 07 按快捷键Ctrl+J将"音箱条"图层复制一层置于面板顶层，清除图层样式并命名为"音箱条-高光"。双击"音箱条-高光"图层，在打开的"图层样式"对话框中勾选"描边"复选框，然后在右侧参数面板中设置各项参数，如图12-102所示。

图 12-102

Step 08 完成上述设置后单击"确定"按钮，在"图层"面板中修改"音箱条-高光"图层的"填充"为0%，此时得到的图像效果如图12-103所示。

Step 09 将音箱条相关图层选中，按快捷键Ctrl+G成组，并将图层组命名为"音箱条组合"，然后复制两组，摆放到不同位置，效果如图12-104所示。

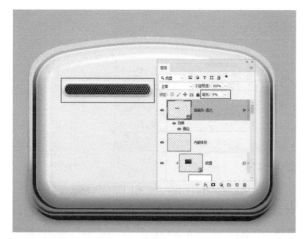

图 12-103

图 12-104

12.3.5 绘制指示灯

Step 01 在工具箱中选择"圆角矩形工具" ▢ ，在工具选项栏中设置填充颜色为黑色（R:38,G:34,B:31），设置描边为无，然后在文档中单击，在打开的"创建圆角矩形"对话框中参照图12-105进行参数设置。

Step 02 将上述绘制的圆角矩形图层命名为"指示灯外框"，并在"图层"面板中修改"填充"为0，然后双击图层，在打开的"图层样式"对话框中勾选"投影"复选框，在右侧的参数面板中设置各项参数，如图12-106所示。

图 12-105　　　　图 12-106

Step 03 完成设置后单击"确定"按钮，得到的图像效果如图12-107所示。

图 12-107

Step 04 按快捷键Ctrl+J将"指示灯外框"图层复制一层放置在其上方，并将复制的图层命名为"指示灯高光过渡"，然后清除图层样式。在"图层"面板中调整"指示灯高光过渡"图层的"填充"为0，然后双击图层，在弹出的"图层样式"对话框中勾选"描边"复选框，并在右侧参数面板中设置各项参数，如图12-108所示，完成设置后单击"确定"按钮。

图 12-108

Step 05 按快捷键Ctrl+J将"指示灯高光过渡"图层复制一层放置在其上方，然后双击复制图层，在打开的"图层样式"对话框中调整"描边"选项中的"大小"及"不透明度"参数，如图12-109所示，完成设置后单击"确定"按钮。

图 12-109

Step 06 按快捷键Ctrl+J将"指示灯外框"图层复制一层放置在其下方，并清除图层样式，对应得到"指示灯外框 拷贝"图层。为"指示灯外框 拷贝"图层填充灰色（R:191,G:182,B:164），然后在"图层"面板中调整"不透明度"为30%，在"属性"面板中调整蒙版"羽化"为3.4像素。

Step 07 按快捷键Ctrl+J将"指示灯外框"图层复制一层，放置在"指示灯外框 拷贝"图层下方，清除图层样式，然后调整"填充"为0，并将图层命名为"体积"。按快捷键Ctrl+T展开定界框进行自由变换，使"体积"图层对应的图形比外框稍大一点，然后为"体积"图层添加"投影"图层样式，增强图形体积感，参数设置可参照图12-110。

Step 08 在工具箱中选择"圆角矩形工具" ▢，在工具选项栏中设置填充颜色为橘黄色（R:255,G:138,B:81），设置描边为无，然后在文档中单击，在打开的"创建圆角矩形"对话框中参照图12-111进行参数设置，完成设置后单击"确定"按钮，并将图形对应的图层命名为"橘色灯"。

图 12-110　　　　图 12-111

Step 09 双击"橘色灯"图层，在打开的"图层样式"对话框中勾选"斜面和浮雕"复选框，并在右侧参数面板中设置各项参数，如图12-112所示。

Step 10 在"图层样式"对话框中勾选"等高线"复选框，然后在右侧参数面板中单击等高线缩略图，打开"等高线编辑器"对话框，参照图12-113调整映射曲线，完成后单击"确定"按钮。

图 12-112　　　　图 12-113

Step 11 使用"钢笔工具" ✐ 在"橘色灯"上方绘制暗部形状，填充深橘色（R:239,G:122,B:66），效果如图12-114所示。将图形对应图层命名为"橘黄加深右"，然后按快捷键Ctrl+Alt+G向下创建剪贴蒙版，使其作用于"橘色灯"图层，并将图形羽化为1.6像素。

图 12-114

Step 12 按快捷键Ctrl+J将"橘黄加深右"图层复制一层，并命名为"橘黄加深左"，按快捷键Ctrl+T展开定界框，右击，在弹出的快捷菜单中选择"水平翻转"命令，将图形翻转后，移动到橘色灯左边。

Step 13 使用"矩形工具" ▢ 绘制一个填充为浅橘黄色（R:255,G:183,B:149）的无描边矩形，调整到合适位置及大小，作为灯的高光，如图12-115所示。

图 12-115

Step 14 用同样的方法，在灯光周围绘制一些高光，使图形更加立体。完成后将指示灯相关图层选中，按快捷键Ctrl+G成组，并将组命名为"指示灯"。

12.3.6 绘制调控按钮

Step 01 使用"椭圆工具" ⬭ 绘制一个40像素×40像素的圆形，为其填充黑色，并将图形对应图层命名为"音量调控"。双击"音量调控"图层，在打开的对话框中勾选"内阴影"复选框，并在右侧参数面板中设置各项参数，如图12-116所示。

图 12-116

Step 02 在"图层样式"对话框中勾选"投影"复选框，然后在右侧面板中设置各项参数，如图12-117所示。再添加一组"投影"图层样式，并在参数面板中参照图12-118设置参数。

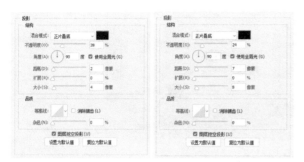

图 12-117　　　　　　图 12-118

Step 03 完成后单击"确定"按钮，得到的图像效果如图12-119所示。

图 12-119

Step 04 使用"椭圆工具"○绘制一个27像素×27像素的圆形，为其填充黄色（R:199,G:154,B:120），并将图形对应的图层命名为"金属调控"。双击"金属调控"图层，在打开的对话框中勾选"斜面和浮雕"复选框，并在右侧参数面板中设置各项参数，如图12-120所示。

图 12-120

Step 05 完成后单击"确定"按钮，得到的图像效果如图12-121所示。

图 12-121

Step 06 按快捷键Ctrl+J将"金属调控"图层复制一层放置在其上方，清除图层样式，然后调整图层"填充"为0。双击"金属调控 拷贝"图层，在打开的"图层样式"对话框中勾选"内阴影"复选框，并在右侧参数面板中设置各项参数，如图12-122所示。

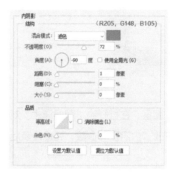

图 12-122

Step 07 使用"椭圆工具"○绘制一个椭圆，使其大小贴合阴影的形状。为其填充任意颜色，然后在图层面板中调整"填充"为0，调整"不透明度"为80%，如图12-123所示，将图形对应的图层命名为"内凹暗面"。

图 12-123

Step 08 双击"内凹暗面"图层，在打开的"图层样式"对话框中勾选"内阴影"复选框，并在右侧参数面板中设置各项参数，如图12-124所示，完成设置后单击"确定"按钮。

Step 09 使用"椭圆工具"○绘制一个圆形，为其填充任意颜色，然后在"图层"面板中调整"填充"为0，效果如

图12-125所示。将其对应的图层命名为"内凹阴影"。

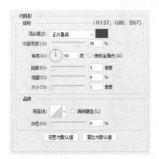

图 12-124

图 12-125

Step 10 双击"内凹阴影"图层，在打开的"图层样式"对话框中，参照图12-126修改"内阴影"参数，完成设置后单击"确定"按钮。

图 12-126

Step 11 使用"椭圆工具"○绘制一个填充为深红色（R:36,G:17,B:10）的无描边椭圆，效果如图12-127所示。将其对应的图层命名为"内凹圆"。

图 12-127

Step 12 使用"椭圆工具"○绘制一个圆形，为其填充任

意颜色，然后在"图层"面板中调整"填充"为0，调整"不透明度"为50%，效果如图12-128所示。将其对应图层命名为"内凹圆-1"。

图 12-128

Step 13 双击"内凹圆-1"图层，在打开的"图层样式"对话框中勾选"内阴影"复选框，并在右侧面板中设置各项参数，如图12-129所示，完成设置后单击"确定"按钮。

图 12-129

Step 14 按快捷键Ctrl+J将"内凹圆-1"图层复制一层放置在其上方，清除图层样式并命名为"内凹-反光"，然后调整图层"填充"为0。双击"内凹-反光"图层，在打开的"图层样式"对话框中勾选"内阴影"复选框，并在右侧参数面板中设置各项参数，如图12-130所示，完成设置后单击"确定"按钮。

图 12-130

Step 15 使用"椭圆工具"○绘制一个高18像素、宽18

像素的圆形，为其填充黑色，并将图形对应的图层命名为
"材质"。双击"材质"图层，在打开的对话框中勾选
"斜面和浮雕"复选框，并在右侧参数面板中设置各项参
数，如图12-131所示。

图 12-131

Step 16 在"图层样式"对话框中勾选"内阴影"复选框，
然后在右侧参数面板中设置各项参数，如图12-132所示，
完成设置后单击"确定"按钮。

Step 17 执行"文件"|"置入嵌入对象"命令，将素材文
件"皮革纹理.jpg"置入文档，调整到合适的位置及大小
后，按快捷键Ctrl+Alt+G向下创建剪贴蒙版，使其作用于
"材质"图层。

Step 18 将调控按钮相关图层选中，按快捷键Ctrl+G成组，
并将图层组命名为"调控按钮"，然后复制一组，摆放在
不同位置，效果如图12-133所示。

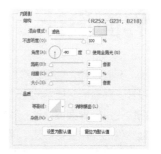

图 12-132

图 12-133

Step 19 最后，结合文字工具与形状工具的使用，在对象上
方添加图标与文字等修饰元素。这里由于篇幅原因就不重
复讲解了，最终完成效果如图 12-134所示。

图 12-134

第 13 章　界面设计

界面设计，也可以称为UI设计，它是指对软件的人机交互、操作逻辑、界面的整体设计。随着信息技术的飞速发展，各种网络应用层出不穷，越来越多的设计爱好者开始把眼光投向界面设计这一领域。好的界面设计不仅能让软件变得有个性、有品位，还能让软件的操作变得舒适、简单。在进行界面设计前，设计者需要充分了解软件的定位和特点，并由此展开后续的设计工作。

13.1　实战：小清新音乐播放器

相关文件	实战\第13章\13.1 实战：小清新音乐播放器
在线视频	第13章\13.1 实战：小清新音乐播放器.mp4
技术看点	文档的创建、素材的置入、剪贴蒙版、调整图层、图形工具、文本工具

扫码看视频

界面设计与其他设计类型的主要区别在于界面设计是为具体的产品服务的，因此它的图形尺寸等都会受到严格的约束。本节便以一款小清新风格音乐播放器的界面设计为例，详细讲解界面设计的流程和技巧。

下面讲解本案例的具体操作步骤。

13.1.1　绘制顶部及封面

Step 01 启动Photoshop CC 2019软件，执行"文件"|"新建"命令，新建一个高为1334像素，宽为750像素，分辨率为72像素/英寸的空白文档。

Step 02 执行"文件"|"置入嵌入对象"命令，将素材文件"状态栏.png"置入文档，将其调整到合适大小后摆放到画面顶端，如图13-1所示。

图 13-1

Step 03 用同样的方法，继续将素材文件"返回.png"和"菜单.png"置入文档，然后将素材调整到合适大小后摆放在状态栏下方，如图13-2所示。

Step 04 在工具箱中选择"横排文字工具" **T**，在工具选项栏中设置字体为"黑体"，设置字体大小为28点，设置文字颜色为黑色。完成文字设置后，在文档中输入文字"夜空中的星"，将其摆放在顶部中央位置，如图13-3所示。完成上述操作后，将"返回"、"菜单"和文字图层同时选中，按快捷键Ctrl+G成组，并将组命名为"导航栏"。

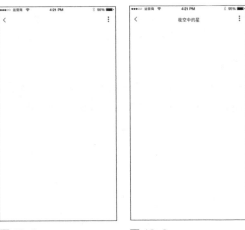

图 13-2　　　　　　图 13-3

 相关链接

　　文字是界面设计中不可或缺的元素，好的文字元素不仅能使画面布局更加饱满丰富，还能为用户直观地展现产品特色。文字的相关操作请查阅本书第6章内容。

? 答疑解惑：在进行界面设计时，需要注意哪些事项？

　　界面设计需要遵循一定的设计规范，包括控件规范、字体规范和排版规范等，设计师可根据实际需求在Photoshop文档中进行设置。另外，为了让作品更加规范整齐，在制作时打开标尺也是很有必要的。

Step 05 在工具箱中选择"圆角矩形工具"▢，在工具选项栏中设置填充为蓝色（R:83,G:222,B:238），设置描边为无。完成设置后在文档中单击，在打开的"创建圆角矩形"对话框中参照图13-4进行设置，完成后单击"确定"按钮。

图 13-4

Step 06 将上述操作中绘制的圆角矩形摆放在合适位置，效果如图13-5所示。

Step 07 执行"文件"|"置入嵌入对象"命令，将素材文件"星星.jpg"置入文档，如图13-6所示。

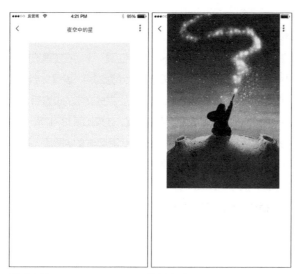

图 13-5　　　　　　　　图 13-6

Step 08 按快捷键Ctrl+Alt+G向下创建剪贴蒙版，使其作用于"圆角矩形1"图层，如图13-7所示。

Step 09 使用"圆角矩形工具"▢绘制一个"宽度"为570像素、"高度"为590像素、圆角"半径"为10像素的蓝色（R:83,G:222,B:238）无描边圆角矩形，然后在"图层"面板中调整其对应图层的"不透明度"为60%，效果如图13-8所示。

Step 10 按快捷键Ctrl+J将"星星"图层复制一层，放置到"圆角矩形2"图层上方，然后按快捷键Ctrl+Alt+G向下创建剪贴蒙版，得到的图形效果如图13-9所示。

图 13-7　　　　　　　　图 13-8

Step 11 使用"圆角矩形工具"▢绘制一个"宽度"为590像素、"高度"为590像素、圆角"半径"为10像素的蓝色（R:83,G:222,B:238）无描边圆角矩形，效果如图13-10所示。

图 13-9　　　　　　　　图 13-10

Step 12 再按快捷键Ctrl+J将"星星"图层复制一层，放置到"圆角矩形3"图层上方，然后按快捷键Ctrl+Alt+G向下创建剪贴蒙版，得到的图形效果如图13-11所示。这里需要注意图形对象的摆放位置，要使3层图形产生重叠的效果。

Step 13 单击"图层"面板下方的"创建新的填充或调整图层"按钮◍，为"星星 拷贝2"图层添加一个"色相/饱和度"调整图层，并在"属性"面板中参照图13-12调整颜色参数。

Step 14 完成上述操作后，选择圆角矩形相关图层，按快捷键Ctrl+G成组，并将图层组命名为"封面"。

图 13-11   图 13-12

13.1.2 绘制播放区域

Step 01 在工具箱中选择"横排文字工具" **T**，在工具选项栏中设置字体为"黑体"，设置字体大小为28点，设置文字颜色为蓝灰色（R:183,G:193,B:207）。完成文字设置后，在文档中输入文字"星光分隔夜空"，并将文字摆放到合适位置，效果如图13-13所示。

Step 02 按快捷键Ctrl+J复制上述创建的文字图层，然后修改文字内容为"坐看广阔无垠的浩瀚星海"，修改文字颜色为蓝色（R:136,G:168,B:212），并向下移动适当距离。用同样的方法，在文档中继续创建一行新的文字内容，效果如图13-14所示。

图 13-13   图 13-14

Step 03 完成文字的创建后，选择3个文字图层，按快捷键Ctrl+G成组，并将图层组命名为"文字"。

Step 04 在工具箱中选择"矩形工具" □，在文档中绘制一个灰色（R:205,G:202,B:202）的无描边矩形，如图

13-15所示。

Step 05 按快捷键Ctrl+J复制上述创建的矩形图层，然后修改其填充颜色为蓝色（R:157，G:198，B:254），并将矩形的宽度缩小，摆放到合适位置。接着使用"椭圆工具" ○绘制一个蓝色（R:157，G:198，B:254）的无描边圆形，调整到合适大小后，摆放在矩形末端，效果如图13-16所示。

图 13-15   图 13-16

Step 06 在工具箱中选择"横排文字工具" **T**，在工具选项栏中设置字体为"黑体"，设置字体大小为24点，设置文字颜色为灰色（R:171，G:166，B:166）。完成文字的设置后，在文档中输入时间，并放置到合适位置，效果如图13-17所示。

Step 07 选择上述操作中创建的形状图层与文字图层，按快捷键Ctrl+G成组，并将组命名为"进度条"。

Step 08 执行"文件"|"置入嵌入对象"命令，将素材文件"播放.png"置入文档，并调整到合适的位置和大小，如图13-18所示。

图 13-17   图 13-18

Step 09 在"图层"面板中双击"播放"图层，在打开的"图层样式"对话框中勾选"渐变叠加"复选框，并在右侧参数面板中设置各项参数，如图13-19所示。完成设置后单击"确定"按钮，得到的图像效果如图13-20所示。

图 13-23

Step 13 用同样的方法，继续在文档中添加其他图标素材，完成效果如图13-24所示。

图 13-24

图 13-19　　　　图 13-20

Step 10 用同样的方法，将素材文件"下一首.png"置入文档，调整到合适位置及大小后为其添加"渐变叠加"图层样式。将该图标对应的图层复制一层，并进行水平翻转，然后将其放置在播放按钮左侧，效果如图13-21所示。

Step 11 执行"文件"|"置入嵌入对象"命令，将素材文件"喜欢.png"置入文档，并调整到合适的位置和大小，如图13-22所示。

13.1.3 绘制个人中心顶部

Step 01 启动Photoshop CC 2019软件，执行"文件"|"新建"命令，新建一个高为1334像素、宽为750像素、分辨率为72像素/英寸的空白文档。

Step 02 在工具箱中选择"矩形工具"□，在文档中绘制一个"宽度"为750像素、"高度"为410像素的黑色无描边矩形，效果如图13-25所示，其对应的图层为"矩形1"。

图 13-21　　　　图 13-22

Step 12 在"图层"面板中双击"喜欢"图层，在打开的"图层样式"对话框中勾选"颜色叠加"复选框，并在右侧参数面板中设置各项参数，如图13-23所示，完成设置后单击"确定"按钮。

图 13-25

Step 03 在"图层"面板中，双击上述步骤创建所得的"矩形1"图层，在打开的"图层样式"对话框中勾选"渐变叠加"复选框，并在右侧参数面板中设置各项参数，如图13-26所示。

完成后单击"确定"按钮，得到的图像效果如图13-27所示。

Step 04 执行"文件"|"置入嵌入对象"命令，将素材文件"状态栏.png"置入文档，将其调整到合适大小后摆放在顶端。在"图层"面板中，双击"状态栏"图层，在打开的"图层样式"对话框中勾选"颜色叠加"复选框，并在右侧参数面板中设置各项参数，如图13-28所示。完成后单击"确定"按钮，得到的图像效果如图13-29所示。

猫咪图像右侧分别输入两行文字，如图13-34所示。完成上述操作后，选择顶栏相关图层，按快捷键Ctrl+G成组，并将图层组命名为"顶部"。

图 13-29   图 13-30

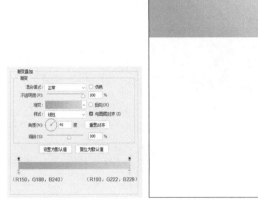

图 13-26   图 13-27

图 13-28

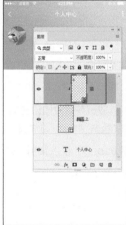

图 13-31   图 13-32

Step 05 执行"文件"|"置入嵌入对象"命令，将素材文件"返回.png"和"菜单.png"置入文档，调整到合适大小后摆放在状态栏下方，然后分别为素材添加"颜色叠加"图层样式，修改素材颜色为白色。

Step 06 在工具箱中选择"横排文字工具"**T**，在工具选项栏中设置字体为"黑体"，设置字体大小为34点，设置文字颜色为白。完成文字设置后，在文档中输入文字"个人中心"，并将文字放置到合适位置，效果如图13-30所示。

Step 07 使用"椭圆工具" ◯ 在文档中绘制一个填充颜色为黄色（R:253,G:210,B:123）的无描边圆形，并将其调整到合适位置及大小，如图13-31所示。

Step 08 执行"文件"|"置入嵌入对象"命令，将素材文件"猫咪.jpg"置入文档，调整到合适大小后放置在圆形上方，然后按快捷键Ctrl+Alt+G向下创建剪贴蒙版，效果如图13-32所示。

Step 09 为"猫咪"图层添加一个"色相/饱和度"调整图层，并在调整图层的"属性"面板中调整颜色参数，提升图像饱和度，如图13-33所示。使用"横排文字工具"**T**在

图 13-33   图 13-34

13.1.4 **绘制主功能区**

Step 01 使用"圆角矩形工具"□绘制一个"宽度"为710像素,"高度"为250像素,圆角"半径"为10像素的白色无描边圆角矩形。并为该图层添加"投影"图层样式,参数设置如图13-35所示。完成后的图像效果如图13-36所示。

图 13-35   图 13-36

Step 02 执行"文件"|"置入嵌入对象"命令,将素材文件"音乐.png"置入文档,调整到合适位置及大小后,为"音乐"图层添加"颜色叠加"图层样式,参数设置如图13-37所示。

Step 03 在工具箱中选择"横排文字工具"**T**,在工具选项栏中设置字体为"黑体",设置字体大小为26点,设置文字颜色为黑。完成文字的设置后,在文档中输入文字"本地音乐",并将文字摆放在音乐图标下方,如图13-38所示。

图 13-37   图 13-38

Step 04 用同样的方法,在文档中添加不同的图标素材和文

字。操作比较简单,这里就不再重复讲解了,完成效果如图13-39所示。完成上述操作后,选择相关图层,按快捷键Ctrl+G成组,并将图层组命名为"主功能区"。

Step 05 使用"圆角矩形工具"□绘制一个"宽度"为344像素,"高度"为344像素,圆角"半径"为8像素的黑色无描边圆角矩形,然后将其摆放到合适位置,效果如图13-40所示。

图 13-39   图 13-40

Step 06 执行"文件"|"置入嵌入对象"命令,将素材文件"泡泡.jpg"置入文档,调整到合适位置及大小,如图13-41所示。然后按快捷键Ctrl+Alt+G向下创建剪贴蒙版,使其作用于下方的"圆角矩形"图层,效果如图13-42所示。

图 13-41   图 13-42

Step 07 用同样的方法,继续在文档中添加其他图片素材,效果如图13-43所示。

Step 08 使用"横排文字工具"**T**在图片素材周围添加文字,使画面更加丰富,如图13-44所示。

图 13-43

图 13-44

Step 09 至此，两组小清新音乐播放器界面就全部完成了。我们可以将这两组界面与手机素材合成，制成精美的展示海报，如图 13-45所示。

图 13-45

13.2 实战：简约餐饮美食网站

相关文件	实战\第13章\13.2 实战：简约餐饮美食网站
在线视频	第13章\13.2 实战：简约餐饮美食网站（上）.mp4 13.2 实战：简约餐饮美食网站（下）.mp4
技术看点	文字工具、图形工具、剪贴蒙版、图层、图层样式的应用、素材的置入

上　　　　　　下

扫码看视频

本案例将教大家制作一款简约风格的餐饮美食网站界面，制作要点在于各类图层样式的灵活运用，以及合理使用调整命令对图像色彩进行调节。本案例操作比较简单，

但很考验设计者对于文字和图片版式的把控能力。在制作时，排版要做到干净整洁，内容多但版面不能乱。

下面讲解本案例的具体操作步骤。

13.2.1 绘制导航栏与Banner

Step 01 启动Photoshop CC 2019软件，执行"文件"|"新建"命令，新建一个高为4902像素、宽为1920像素、分辨率为72像素/英寸的空白文档。

Step 02 在工具箱中选择"横排文字工具"**T**，在工具选项栏中选择合适的字体，设置字体大小为64点，设置文字颜色为黄色（R:255,G:145,B:26），完成文字设置后，在文档中输入文字"美食网"，将其摆放在顶部的靠左侧位置。

Step 03 在"横排文字工具"**T**选取状态下，在工具选项栏中设置字体为"黑体"，设置字体大小为24点，设置文字颜色为黑色。完成文字设置后，在文档中分别输入文字"首页""特色菜谱""美食专题""美食部落""关于我们"，并将文字摆放在合适的位置，效果如图 13-46所示。

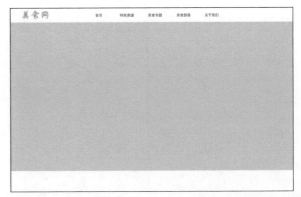

图 13-46

Step 04 将上述创建的文字图层选中，按快捷键Ctrl+G成组，并将图层组命名为"导航栏"。读者可以根据实际需求将绘制的图层编组并命名，方便管理，操作方法相同，后文就不再重复讲解了。

Step 05 在工具箱中选择"矩形工具"□，在文档中绘制一个"宽度"为1920像素、"高度"为983像素的黄色（R:253,G:214,B:0）无描边矩形，并将矩形摆放在导航栏文字的下方，如图13-47所示。

图 13-47

Step 06 执行"文件"|"置入嵌入对象"命令，将素材文件"火鸡.jpg"置入文档，调整到合适大小后摆放在矩形

顶端,如图13-48所示。

Step 07 按快捷键Ctrl+Alt+G向下创建剪贴蒙版,使其作用于黄色矩形图层,如图13-49所示。

图 13-48

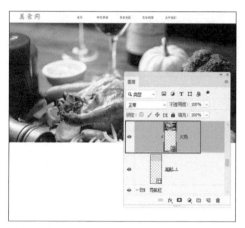

图 13-49

Step 08 按快捷键Ctrl+J将黄色矩形图层复制一层,放置在"火鸡"图层上方,然后修改矩形的填充颜色为灰色(R:112,G:112,B:112),并在"图层"面板中调整"不透明度"为30%,使图像呈现半透明状态,如图13-50所示。

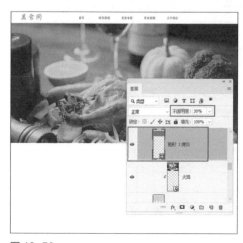

图 13-50

Step 09 在工具箱中选择"横排文字工具" **T**,在工具选项栏中设置字体为"汉仪萝卜体简",设置字体大小为75点,设置文字颜色为白色。完成文字的设置后,在文档中输入文字"美食诱惑 挑逗你的味蕾",并摆放在合适位置,如图13-51所示。

图 13-51

Step 10 用同样的方法,使用"横排文字工具" **T** 继续输入其他广告文字,并使用"矩形工具" □ 添加修饰元素,如图13-52所示。

图 13-52

13.2.2 绘制主功能区

Step 01 使用"矩形工具" □ 绘制一个"宽度"为1571像素、"高度"为268像素的白色无描边矩形。打开该矩形的"图层样式"对话框,在其中勾选"投影"复选框,并在右侧参数面板中设置各项参数,如图13-53所示。完成后单击"确定"按钮,得到的图像效果如图13-54所示。

图 13-53

图 13-54

Step 02 执行"文件"|"置入嵌入对象"命令，分别将素材文件"美食.png""蔬菜面.png""白菜.png""树叶.png"置入文档，并调整到合适的位置及大小，效果如图13-55所示。

图 13-55

Step 03 在工具箱中选择"横排文字工具" **T**，在工具选项栏中选择合适的字体，设置字体大小为36点，设置文字颜色为黑色。完成文字的设置后，在文档中输入文字"特色美食"，并将其摆放在合适位置，如图13-56所示。

图 13-56

Step 04 用同样的方法，在其他图标下方添加说明文字，如图13-57所示。

图 13-57

13.2.3 绘制特色菜品展示区

Step 01 在工具箱中选择"横排文字工具" **T**，在工具选项栏中选择合适的字体，设置字体大小为48点，设置文字颜色为黑色。完成文字设置后，在文档中输入文字"特色菜品"，并将其摆放在合适位置，如图13-58所示。

图 13-58

Step 02 在工具箱中选择"矩形工具" □，在文档中绘制一个"宽度"为324像素、"高度"为277像素的灰色（R:210,G:210,B:210）无描边矩形，然后将其摆放到合适位置，如图13-59所示。

图 13-59

Step 03 执行"文件"|"置入嵌入对象"命令，将素材文件"葫芦鸡.jpg"置入文档，并调整到合适的位置及大

小，效果如图13-60所示。

图 13-60

Step 04 按快捷键Ctrl+Alt+G向下创建剪贴蒙版，使其作用于步骤2中绘制的灰色矩形图层，效果如图13-61所示。

图 13-61

Step 05 在工具箱中选择"横排文字工具"**T**，在工具选项栏中设置字体为"黑体"，设置字体大小为30点，设置文字颜色为黑色，并将文字加粗。完成文字的设置后，在文档中输入文字"金牌葫芦鸡"，将其摆放在合适位置。在工具选项栏中修改字体大小为20点，然后在文档中输入文字"1808人喜欢"，将其摆放在合适位置，效果如图13-62所示。

图 13-62

Step 06 在工具箱中选择"多边形工具"，然后在工具选项栏中设置填充为黄色（R:248,G:160,B:0），去掉描边，并单击"设置其他形状和路径选项"按钮，在弹出的面板中勾选"星形"复选框，并在"边"选项后的文本框中输入"5"，如图13-63所示。

Step 07 完成上述设置后，在文档中绘制一些星星形状，摆在"金牌葫芦鸡"文字下方，如图13-64所示。

图 13-63   图 13-64

Step 08 用同样的方法，绘制剩余的几组菜品展示，效果如图13-65所示。

图 13-65

Step 09 在工具箱中选择"矩形工具"，在文档中绘制一个"宽度"为266像素，"高度"为56像素的黄色（R:253,G:214,B:0）无描边矩形，然后将其摆放到合适位置。

Step 10 在工具箱中选择"横排文字工具"**T**，在工具选项栏中设置字体为"黑体"，设置字体大小为37点，设置文字颜色为黑色，并将文字加粗。完成文字的设置后，在文档中输入文字"更多美食"，将其摆放在黄色矩形上方，效果如图13-66所示。

图 13-66

13.2.4 绘制美食烹饪展示区

Step 01 在工具箱中选择"横排文字工具"**T**，在工具选项栏中设置字体为"方正粗倩_GBK"，设置字体大小为48点，设置文字颜色为黑色。完成文字的设置后，在文档中输入文字"美食烹饪"，将其摆放在合适位置，效果如图13-67所示。

图 13-67

Step 02 在工具箱中选择"矩形工具"□，在文档中绘制一个"宽度"为474像素，"高度"为416像素的黄色（R:253,G:214,B:0）无描边矩形，然后将其摆放到合适位置，效果如图13-68所示。

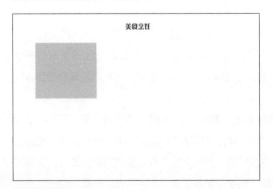

图 13-68

Step 03 执行"文件"|"置入嵌入对象"命令，将素材文件"鸡翅.jpg"置入文档，并调整到合适的位置及大小，效果如图13-69所示。

图 13-69

Step 04 按快捷键Ctrl+Alt+G向下创建剪贴蒙版，使其作用于步骤2中绘制的黄色矩形图层，如图13-70所示。

图 13-70

Step 05 在工具箱中选择"横排文字工具"**T**，在工具选项栏中设置字体为"黑体"，设置字体大小为30点，设置文字颜色为黑色，并将文字加粗。完成文字的设置后，在文档中输入文字"可乐鸡翅"，将其摆放在合适位置。在工具选项栏中修改字体大小为24点，"横排文字工具"**T**选中状态下，在文档中拖出一个合适大小的文本框，在其中输入制作方法文字，效果如图13-71所示。

图 13-71

Step 06 在工具箱中选择"矩形工具"□，在文档中绘制一个"宽度"为164像素，"高度"为42像素的无填充的黑色描边矩形，然后将其摆放到合适位置。

Step 07 在工具箱中选择"横排文字工具"**T**，在工具选项栏中设置字体为"黑体"，设置字体大小为24点，设置文字颜色为黑色。完成文字的设置后，在文档中输入文字"查看详情"，将其摆放在合适位置，如图13-72所示。

?? 答疑解惑：拖出文本框有何作用？

　　使用文字工具在文档中拖出文本框，可以有效地控制文本的输入范围，使文字更加规整。

图 13-72

Step 08 用同样的方法，绘制剩余的几组烹饪展示，如图13-73所示。

图 13-73

Step 09 在工具箱中选择"矩形工具"□，在文档中绘制一个"宽度"为266像素，"高度"为56像素的黄色（R:253,G:214,B:0）无描边矩形，然后将其摆放到合适位置。

Step 10 在工具箱中选择"横排文字工具"**T**，在工具选项栏中设置字体为"黑体"，设置字体大小为37点，设置文字颜色为黑色，并将文字加。完成文字的设置后，在文档中输入文字"更多美食"，将其摆放在黄色矩形上方，效果如图13-74所示。

图 13-74

13.2.5 绘制美食博客展示区

Step 01 在工具箱中选择"横排文字工具"**T**，在工具选项栏中设置字体为"方正粗倩_GBK"，设置字体大小为48点，设置文字颜色为黑色。完成文字的设置后在文档中输入文字"美食博客"，将其摆放在合适位置，如图13-75所示。

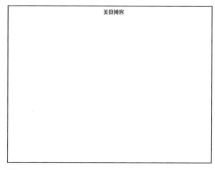

图 13-75

Step 02 在工具箱中选择"椭圆工具"○，在文档中绘制一个"宽度"为147像素，"高度"为147像素的黄色（R:253,G:214,B:0）无描边圆形，然后将其摆放到合适位置，效果如图13-76所示。

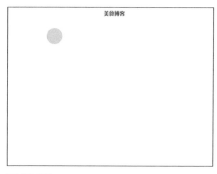

图 13-76

Step 03 执行"文件"|"置入嵌入对象"命令，将素材文件"桂花年糕.jpg"置入文档，并调整到合适的位置及大小，如图13-77所示。

Step 04 按快捷键Ctrl+Alt+G向下创建剪贴蒙版，使其作用于步骤2中绘制的黄色圆形图层，如图13-78所示。

Step 05 在工具箱中选择"横排文字工具"**T**，在工具选项栏中设置字体为"黑体"，设置字体大小为30点，设置文字颜色为黑色，并将文字加粗。完成文字的设置后，在文档中输入文字"美食论坛"，将其摆放在合适位置。在工具选项栏中修改字体大小为24点，修改文字颜色为灰色（R:101,G:103,B:100），然后在文档中输入博主号，并将文字摆放在合适位置，效果如图13-79所示。

图 13-77

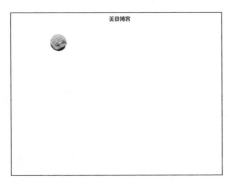

图 13-78

图 13-79

Step 06 在工具箱中选择"矩形工具"□，在文档中绘制一个"宽度"为145像素，"高度"为44像素的黄色（R:253,G:214,B:0）无描边矩形，然后将其摆放到合适位置。

Step 07 在工具箱中选择"横排文字工具"**T**，在工具选项

栏中设置字体为"黑体"，设置字体大小为24点，设置文字颜色为黑色。完成文字的设置后，在文档中输入文字"点击关注"，将其摆放在黄色矩形上方，效果如图13-80所示。

Step 08 用同样的方法，绘制剩下的几组博客展示。并将素材文件"返回.png"置入文档，调整到合适位置及大小，然后复制一个，将其水平翻转移动到画面另一侧，如图13-81所示。

图 13-80

图 13-81

Step 09 将两个"返回"图标对应的图层成组，然后为组添加"颜色叠加"图层样式，参数设置如图13-82所示。

图 13-82

13.2.6 绘制底部

Step 01 执行"文件"|"置入嵌入对象"命令，将素材文件"红茶.jpg"置入文档，并调整到合适的位置及大小，如图13-83所示。

Step 02 在工具箱中选择"矩形工具"□，在文档中绘制一个"宽度"为1932像素，"高度"为612像素的黑色无描边矩形，然后将其摆放到合适位置，并在"图层"面板中调整其"不透明度"为28%，效果如图13-84所示。

图 13-83

图 13-84

Step 03 在工具箱中选择"横排文字工具" **T**，在工具选项栏中设置字体为"黑体"，设置字体大小为24点，设置文字颜色为黑色，并将文字加粗。完成文字的设置后，在文档中分别输入文字"首页""特色菜品""美食专题""美食博客"，如图13-85所示。

图 13-85

Step 04 同样的方法，继续在文档中添加其他修饰文字，并添加二维码素材，这里操作比较简单，就不做重复讲解了，完成效果如图13-86所示。

Step 05 执行"文件"|"置入嵌入对象"命令，分别将素

材文件"拉面.png"和"饺子.png"置入文档，并调整到合适的位置及大小，效果如图13-87所示。

图 13-86

图 13-87

Step 06 在"图层"面板中修改"拉面"图层的"不透明度"为30%，修改"饺子"图层的"不透明度"为24%，得到的效果如图13-88所示。

图 13-88

Step 07 至此，这款简约餐饮美食网站界面就制作完成了，

各部分展示效果如图 13-89所示。

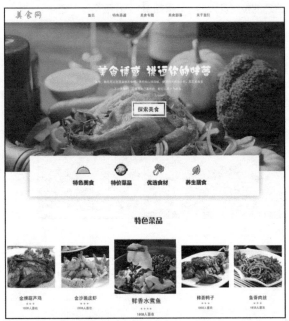

图 13-89

13.3 实战：幸运转盘游戏界面

相关文件	实战\第 13 章\13.3 实战：幸运转盘游戏界面	
在线视频	第 13 章\13.3 实战：幸运转盘游戏界面 .mp4	
技术看点	图形工具、图层样式的应用、素材的置入、文字工具	扫码看视频

本案例将教大家制作一个转盘游戏界面，重点在于使用现有形状得到界面的基本图像。相较于合成界面与海报设计，界面设计有着比较标准的框架，因此大家可以合理地使用Photoshop自带的一些形状来创建基本界面，最后使用文字工具添加主体文字即可。

13.3.1 绘制基本图形

Step 01 启动Photoshop CC 2019软件，执行"文件"|"新建"命令，新建一个高为1334像素、宽为750像素、分辨率为72像素/英寸的空白文档。

Step 02 将前景色设置为橘黄色（R:255,G:144,B:63），按快捷键Alt+Delete为背景填充前景色，如图13-90所示。

图 13-90

Step 03 在工具箱中选择"自定形状工具" ，在工具选项栏中设置形状的填充颜色为白色，去掉描边，然后单击"形状"选项后的下拉按钮 ，在弹出的面板中选择"靶标2"图形，如图13-91所示。

图 13-91

Step 04 完成上述设置后，在文档中绘制图形，使其铺满整个画面，产生放射效果，如图13-92所示，将图形对应的图层命名为"放射线"。

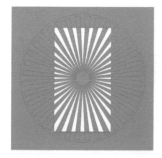

图 13-92

Step 05 在"图层"面板中双击"放射线"图层,在打开的"图层样式"对话框中勾选"投影"复选框,并在右侧参数面板中设置各项参数,如图13-93所示。完成后单击"确定"按钮,并在"图层"面板中调整"放射线"图层的"不透明度"为30%。

Step 06 在工具箱中选择"圆角矩形工具" ◻,在工具选项栏中设置填充为红色(R:178,G:24,B:24),设置描边为无。完成设置后在文档中单击,在打开的"创建圆角矩形"对话框中参照图13-94进行设置,完成后单击"确定"按钮。将得到的图形摆放到合适位置,效果如图13-95所示。

图 13-93　　　　　　图 13-94

Step 07 使用"圆角矩形工具" ◻继续在文档中绘制一个"宽度"为650像素、"高度"为650像素、圆角"半径"为60像素的橘黄色(R:253,G:116,B:47)无描边圆角矩形,将其摆放在合适位置,效果如图13-96所示。

图 13-95　　　　　　图 13-96

Step 08 为上述步骤中绘制的圆角矩形添加"描边"图层样式,参数设置如图13-97所示。添加描边后得到的图像效果如图13-98所示。

图 13-97　　　　　　图 13-98

13.3.2 绘制抽奖转盘

Step 01 在工具箱中选择"圆角矩形工具" ◻,在工具选项栏中设置填充为白色,设置描边为红色(R:110,G:22,B:38),描边大小为5像素。完成设置后在文档中单击,在打开的"创建圆角矩形"对话框中参照图13-99进行参数设置,完成后单击"确定"按钮。将得到的图形摆放到合适位置,如图13-100所示。

图 13-99　　　　　　图 13-100

Step 02 用同样的方法,继续在文档中绘制多个圆角矩形,效果如图13-101所示。

Step 03 执行"文件"|"置入嵌入对象"命令,将素材文件"一堆金币.png"置入文档,并调整到合适的位置及大小,如图13-102所示。

217

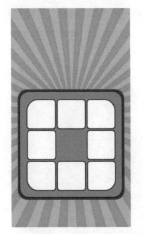

图 13-101

图 13-102

Step 04 在工具箱中选择"横排文字工具" **T**，在工具选项栏中设置字体为"黑体"，设置字体大小为22点，设置文字颜色为红色（R:253,G:1,B:0）。完成文字的设置后，在文档中输入文字"500金币"，将其摆放在金币图形下方，如图13-103所示。

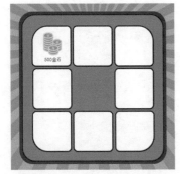

图 13-103

Step 05 用同样的方法，在文档中置入其他图形，并在图形下方添加文字，如图13-104所示。

Step 06 在工具箱中选择"圆角矩形工具" ⬜ ，在工具选项栏中设置填充为橘黄色（R:253,G:123,B:50），设置描边为红色（R:110,G:22,B:38），描边大小为5像素。完成设置后在文档中绘制一个"宽度"为182像素，"高度"

为182像素，圆角"半径"为20像素的圆角矩形，将其摆放在中心位置，如图13-105所示。

图 13-104

图 13-105

Step 07 为步骤6中绘制的圆角矩形添加"斜面和浮雕"图层样式，参数设置如图13-106所示。添加后得到的图像效果如图13-107所示。

图 13-106

图 13-107

Step 08 在工具箱中选择"横排文字工具" **T**，在工具选项栏中设置字体为"方正粗倩_GBK"，设置字体大小为55点，设置文字颜色为白色。完成文字的设置后，在文档中输入文字"点击抽奖"，将其摆放在合适位置，并为文字添加"投影"图层样式，参数设置如图13-108所示。完成操作后得到的效果如图13-109所示。

图 13-108

图 13-109

Step 09 在工具箱中选择"椭圆工具" ⬭，在文档中绘制一个无描边的白色圆形，如图13-110所示。

图 13-110

Step 10 为上述绘制的白色圆形添加"外发光"图层样式，参数设置如图13-111所示。完成设置后，圆形将产生如灯泡般的发光效果，如图13-112所示。

Step 11 用同样的方法，在文档中绘制更多的圆形，如图13-113所示。

图 13-111

图 13-112

图 13-113

13.3.3 绘制主体文字

Step 01 在工具箱中选择"自定形状工具" ✿，在工具选项栏中设置填充为橘黄色（R:255,G:102,B:0），设置描边为黑色，描边大小为5像素，然后单击"形状"选项后的下拉按钮 ⌄，在弹出的面板中选择"云彩1"图形，如图13-114所示。

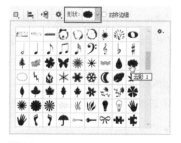

图 13-114

Step 02 完成上述设置后，在文档中绘制图形，并将其摆放在合适位置，如图13-115所示。

图 13-115

Step 03 用同样的方法，继续在文档中绘制一个黄色（R:255,G:255,B:0）和一个蓝色（R:0,G:255,B:255）的云彩图形，并将这两个图形按顺序叠放，效果如图13-116所示。

图 13-116

Step 04 在工具箱中选择"横排文字工具" **T**，在工具选项栏中设置字体为"汉仪字研卡通"，设置字体大小为136点，设置文字颜色为白色。完成文字的设置后，在文档中输入文字"幸"，将其摆放在合适位置，并为文字添加"描边"图层样式，参数设置如图13-117所示。完成操作后得到的文字效果如图13-118所示。

图 13-117

图 13-118

Step 05 用同样的方法，继续在文档中逐个添加其他文字，如图13-119所示。

Step 06 在工具箱中选择"多边形工具" ⬡，然后在工具选项栏中设置形状填充为黄色（R:248,G:160,B:0），无描边，并单击"设置其他形状和路径选项"按钮 ⚙，在弹出的面板中勾选"星形"复选框，并在"边"选项后的文本框中输入5，如图13-120所示。

图 13-119

图 13-120

Step 07 完成上述设置后，在文档中绘制一些星星，效果如图13-121所示。

Step 08 执行"文件"|"置入嵌入对象"命令，将素材文件"锦鲤.png"置入文档，并调整到合适的位置及大小，效果如图13-122所示。

Step 09 在"图层"面板中双击"锦鲤"图层，在打开的"图层样式"对话框中勾选"投影"复选框，并在右侧的参数面板中设置各项参数，如图13-123所示。完成后单击

"确定"按钮，得到的图像效果如图13-124所示。

图 13-121

图 13-122

图 13-123

图 13-124

13.3.4 绘制顶栏与底部

Step 01 在工具箱中选择"矩形工具"□，在文档中绘制一个"宽度"为750像素、"高度"为134像素的无描边白色矩形，将其放置在画面顶端，效果如图13-125所示。

图 13-125

Step 02 执行"文件"|"置入嵌入对象"命令，分别将素材文件"状态栏.png""返回.png""菜单.png"置入文档，并调整到合适的位置及大小，效果如图13-126所示。

图 13-126

Step 03 在工具箱中选择"横排文字工具"**T**，在工具选项栏中设置字体为"黑体"，设置字体大小为45点，设置文字颜色为黑色。完成文字的设置后，在文档中输入文字"幸运大转盘"，将其摆放在顶部中央位置，如图13-127所示。

图 13-127

Step 04 在工具箱中选择"横排文字工具" **T**，在工具选项栏中设置字体为"黑体"，设置字体大小为20点，设置文字颜色为黑色，并将文字加粗。完成文字的设置后，在画面顶部输入一排文字。然后执行"文件"|"置入嵌入对象"命令，将素材文件"喇叭.png"置入文档，放置在文字前方，文字和素材效果如图13-128所示。

图 13-128

Step 05 在工具箱中选择"圆角矩形工具" ⬜，在工具选项栏中设置填充为白色，设置描边为黑色，描边大小为5像素。完成设置后，在文档中绘制一个"宽度"为211像素、"高度"为82像素、圆角"半径"为15像素的圆角矩形，将其摆放在画面下方，效果如图13-129所示。

图 13-129

Step 06 在工具箱中选择"横排文字工具" **T**，在工具选项栏中设置字体为"黑体"，设置字体大小为30点，设置文字颜色为红色（R:253,G:1,B:0），并将文字加粗。完成文字的设置后，在文档中输入文字"邀请好友"，将其摆放在白色矩形内部，如图13-130所示。

图 13-130

Step 07 在"横排文字工具" **T** 选中状态下，在工具选项栏中修改字体大小为24点，然后在画面底部输入一排文字，效果如图13-131所示。

图 13-131

Step 08 至此，这款幸运转盘游戏界面就全部制作完成了，最终效果如图13-132所示。

图 13-132

第 **14** 章

动效制作

如今，动效制作在产品研发过程中被越来越多的设计爱好者重视和认可，在界面中添加丰富细腻的动效能为用户提供良好的动态沉浸式体验。Photoshop软件内置动效模块，Photoshop CC 2019版本已经能够实现很多相对复杂的动效制作。本章将通过3个动效制作案例，来详细介绍运用Photoshop CC 2019进行动效制作的方法和技巧。

14.1 实战："故障"艺术动效图

相关文件	实战\第14章\14.1 实战："故障"艺术动效图	
在线视频	第14章\14.1 实战："故障"艺术动效图.mp4	
技术看点	滤镜的应用、矩形选框工具、渐变工具、创建帧动画	扫码看视频

"抖音"是当下一款非常热门的App，它的LOGO设计很特别，在众多的App里识别度非常高，这得益于它独特的"故障"艺术效果。本案例将运用Photoshop的视频功能来为图像添加"故障"动效。

下面讲解本案例的具体操作步骤。

14.1.1 制作图像的特殊效果

Step 01 启动Photoshop CC 2019软件，执行"文件"|"打开"命令，或按快捷键Ctrl+O，打开素材文件"跑步.jpg"，效果如图14-1所示。

图 14-1

Step 02 按快捷键Ctrl+J将"背景"图层复制一层，得到"图层1"，为该图层执行"滤镜"|"风格化"|"风"命令，在打开的对话框中选择"大风"选项，并将"方向"设置为"从左"，如图14-2所示，完成后单击"确定"按钮。

Step 03 在工具箱中选择"矩形选框工具" ⬚，在"图层1"对应的图像上方绘制一些矩形选区，如图14-3所示。

图 14-2

图 14-3

Step 04 在工具箱中选择"渐变工具" ▦，然后在工具选项栏中选择一个彩色渐变，如图14-4所示。

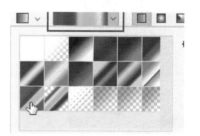

图 14-4

Step 05 设置完成后，在图像上方从左上角开始，向右下角拖动，为矩形选区填充渐变颜色，效果如图14-5所示。

图 14-5

Step 06 按快捷键Ctrl+D取消选区。选择"背景"图层，按快捷键Ctrl+J复制一层放置在"图层1"上方，并将其命名为"图层2"，如图14-6所示。

Step 07 在"图层"面板中双击"图层2"，打开"图层样式"对话框，在"混合选项"面板中取消勾选G（绿色）通道和B（蓝色）通道复选框，如图14-7所示。

图 14-6　　　　　　图 14-7

Step 08 完成设置后单击"确定"按钮，关闭"图层样式"对话框，得到的图像效果如图14-8所示。

图 14-8

14.1.2 制作帧动画

Step 01 按快捷键Ctrl+T展开定界框，将"图层2"对应的图像进行适当放大，并向右移动一段距离，使图像产生重影效果，如图14-9所示。

图 14-9

Step 02 执行"窗口"|"时间轴"命令，打开"时间轴"面板。单击创建模式下拉列表框右侧的下拉按钮 ∨ ，在打开的下拉列表框中选择"创建帧动画"选项，如图14-10所示。

图 14-10

Step 03 上述操作完成后，"时间轴"面板将进入"帧动画"模式，如图14-11所示。

图 14-11

Step 04 在图层面板中，单击"图层2"前的 ● 按钮，将该图层暂时隐藏，如图14-12所示。

图 14-12

相关链接

通过"帧动画"模式的"时间轴"面板，可以快速创建一些简单的帧动画。帧动画的相关操作请查阅本书第8章8.2节内容。

Step 05 在"帧动画"模式的"时间轴"面板中,设置第1帧的帧延迟为"0.1秒",如图14-13所示。设置循环选项为"永远",如图14-14所示。

图 14-13　　　　图 14-14

Step 06 在"帧动画"模式的"时间轴"面板中单击4次"复制所选帧"按钮 ,如图14-15所示。

图 14-15

Step 07 单击"时间轴"面板中的第2帧,然后在"图层"面板中恢复"图层2"的显示,如图14-16所示。此时的"时间轴"面板如图14-17所示。

图 14-16

图 14-17

Step 08 用同样的方法,在第4帧恢复"图层2"的显示。

Step 09 至此,这张"故障"艺术动效图就制作完成了。在"时间轴"面板中单击"播放"按钮 ,可以预览动画效

果,如图14-18、图14-19所示。

图 14-18

图 14-19

Step 10 执行"文件"|"导出"|"存储为Web所用格式(旧版)"命令,在打开的"存储为Web所用格式"对话框中设置"格式"为GIF,设置"颜色"为256,调整图像宽度为720像素、高度为540像素,具体如图14-20所示。单击"存储"按钮,在打开的对话框中设置存储位置及文件名等,完成文件的存储,并将文件输出为GIF动态图像。

图 14-20

14.2 实战：局部时间静止动效

相关文件	实战 \ 第14章 \ 14.2 实战：局部时间静止动效
在线视频	第14章 \ 14.2 实战：局部时间静止动效 .mp4
技术看点	导入视频素材文件、钢笔工具、静态图像帧、图层蒙版、拆分视频素材、调整图层

扫码看视频

Cinema graph（Cinema是电影摄影，graph是图片）静态照片中神奇的细微运动技术，即动态摄影和静态图片的结合。将静止的图片和视频结合在一起，如同"解冻"了尘封在图片中的某一个片刻。

在制作局部静止动效时，要注意3个要点。第一，最好选择不复杂或与静止物没有太多重叠的背景视频素材；第二，素材一定要是在固定机位下进行拍摄的；第三，制作时结合图层蒙版使用，细化完善图像，避免穿帮。

下面讲解本案例的具体操作步骤。

14.2.1 素材的基本调整

Step 01 启动Photoshop CC 2019软件，将素材文件"阳光.mp4"拖入Photoshop工作界面。操作完成后，将在"图层"面板和"时间轴"面板中生成视频组，如图14-21和图14-22所示。

图14-21

图14-22

相关链接

将视频在Photoshop中打开的方法可查阅本书第8章8.1.3节内容。

答疑解惑：导入视频素材后，为什么没有看到"时间轴"面板？

如果在Photoshop中未出现"时间轴"面板，可执行"窗口"|"时间轴"命令，即可打开"时间轴"面板。这里需要注意的是，过低的Photoshop版本不具备此功能。

Step 02 在"时间轴"面板中单击"播放"按钮▶，可以预览视频效果。观察视频图像我们会发现，画面中的动态元素主要有光线和汽车，如图14-23所示。预览视频画面，确定需要定格的画面位置。这里我们以汽车为主体，将定格画面设置在第6秒的位置。

图14-23

Step 03 在"时间轴"面板中，双击左下角的时间选项，如图14-24所示。

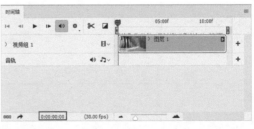

图14-24

Step 04 打开"设置当前时间"对话框，修改当前时间为0:00:06:00，单击"确定"按钮，如图14-25所示。

图14-25

Step 05 上述操作完成后，当前时间指示器 将移动到0:00:06:00位置，如图14-26所示。

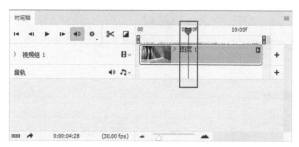

图 14-26

Step 06 按快捷键Alt+Ctrl+Shift+E进行盖印操作，完成操作后将在视频图层末端生成静态图像帧，如图14-27所示。

图 14-27

Step 07 在"图层"面板中，将静态图像帧对应的"图层2"移到视频组上方，如图14-28所示。

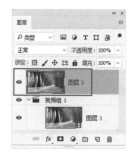

图 14-28

Step 08 此时在"时间轴"面板中，将生成新的轨道。将"图层2"拖至新的轨道，首端与下方素材对齐，然后拖动其末端，将图层持续时间条末端延长至与下方图层对齐，如图14-29所示。

图 14-29

14.2.2 图层蒙版的应用

Step 01 拖动当前时间指示器 预览画面，会发现动态视频图层被静态图层覆盖了，画面呈现静止状态。在"图层2"选中状态下，使用"钢笔工具" 围绕汽车绘制路径，如图14-30所示。

图 14-30

Step 02 按快捷键Ctrl+Enter将路径转化为选区，如图14-31所示。然后在"图层"面板中单击按钮 ，为图层添加一个蒙版，如图14-32所示。

图 14-31

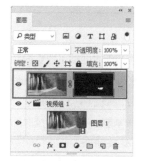

图 14-32

Step 03 此时拖动当前时间指示器💟预览画面，会发现汽车出现重叠图像，如图14-33所示。

Step 04 在工具箱中选择"画笔工具" 🖌，修改前景色为白色，在工具选项栏中设置合适的"不透明度"和"流量"参数后，使用白色柔边笔刷均匀涂抹多余的汽车图像，如图14-34所示。同时可以在"时间轴"面板中拖动当前时间指示器💟逐帧预览画面，将运动的汽车图像涂抹干净。

图 14-33

图 14-34

Step 05 在"时间轴"面板中，将当前时间指示器💟拖至0:00:04:00位置，单击"在播放头处拆分"按钮 ✂，将"视频组1"和"图层2"轨道拆分，如图14-35所示。

Step 06 单击选中当前时间指示器💟前方的图层持续时间条，按Delete键将其删除，如图14-36所示。

Step 07 完成上述操作后，当前时间指示器💟后方的图层持续时间条将向前移动，自动对齐首端，如图14-37所示。

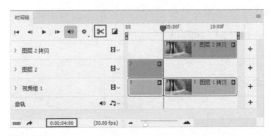

图 14-35

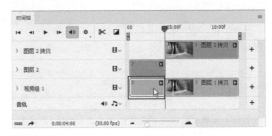

图 14-36

图 14-37

Step 08 用同样的方法，单击选中当前时间指示器💟前方位于"图层2"轨道的图层持续时间条，如图14-38所示，按Delete键将其删除。

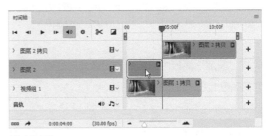

图 14-38

Step 09 时间指示器💟后方的图层持续时间条将向前移动，与下方的图层持续时间条对齐，如图14-39所示。

图 14-39

14.2.3 画面校色与图像输出

Step 01 在"图层"面板中单击"创建新的填充或调整图层"按钮 ◐，在弹出的菜单中选择"曲线"命令，在"图层2"上方创建一个曲线调整图层。然后在调整图层的"属性"面板中向下拖动曲线，适当降低画面亮度，如图14-40所示，效果如图14-41所示。

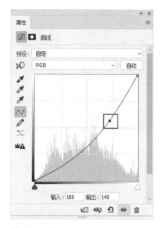

图 14-40

图 14-41

Step 02 在"图层"面板中单击选中曲线调整图层的蒙版，然后在工具箱中选择"椭圆选框工具"○，在文档中绘制一个椭圆形选框，如图14-42所示。

图 14-42

Step 03 为蒙版中的椭圆形选区填充黑色，如图14-43所示。

Step 04 上述操作完成后，得到的图像效果如图14-44所示，可以看到选区内的图像颜色变浅了。

图 14-43

图 14-44

Step 05 按快捷键Ctrl+D取消选区，双击曲线调整图层的蒙版，打开其"属性"面板，在其中调整"羽化"为122像素，如图14-45所示。

图 14-45

Step 06 至此，图像的局部时间静止动效就制作完成了。在"时间轴"面板中单击"播放"按钮 ▶，预览动画效果，如图14-46所示。我们可以看到图像中的光线在变化，但汽车始终保持静止不动的状态。

图 14-46

图 14-46（续）

Step 07 执行"文件" | "导出" | "存储为Web所用格式（旧版）"命令，在打开的"存储为Web所用格式"对话框中设置"格式"为GIF，设置"颜色"为256，调整图像宽度720像素、高度为405像素，具体如图14-47所示。单击"存储"按钮，在打开的对话框中设置存储位置及文件名等，完成文件的存储，并将文件输出为GIF动态图像。

图 14-47

14.3 实战：清凉泳池动效文字

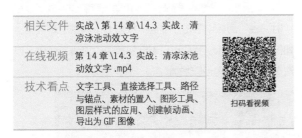

相关文件	实战 \ 第 14 章 \14.3 实战：清凉泳池动效文字
在线视频	第 14 章 \14.3 实战：清凉泳池动效文字 .mp4
技术看点	文字工具、直接选择工具、路径与锚点、素材的置入、图形工具、图层样式的应用、创建帧动画、导出为 GIF 图像

扫码看视频

本节通过创建一个扁平化风格的动效，来介绍钢笔工具在动效制作中的应用和在Photoshop中GIF图像的制作方法。本例的重点在于图形层次感的拿捏和最后GIF图像的输出。

下面讲解本案例的具体操作步骤。

14.3.1 **创建文字图形**

Step 01 启动Photoshop CC 2019软件，执行"文件" | "新建"命令，新建一个高为1920像素、宽为1080像素、分辨率为72像素/英寸的空白文档。

Step 02 将前景色设置为粉色（R:255,G:184,B:184），按快捷键Alt+Delete为背景填充前景色，如图14-48所示。

图 14-48

Step 03 在工具箱中选择"横排文字工具" T，在工具选项栏中选择一款较为平滑的英文字体，设置字体大小为800点，设置字符间距为-100，设置文字颜色为蓝色（R:177,G:242,B:240）。完成文字的设置后，在文档中输入文字"COOL"，并将文字摆放在合适位置，按快捷键Ctrl+R打开标尺，分别拖出两根参考线，放置在文字的顶端和底端，效果如图14-49所示。

图 14-49

Step 04 在"图层"面板中，右击文字图层，在打开的快捷菜单中选择"转换为形状"命令，完成操作后得到的文字效果如图14-50所示。

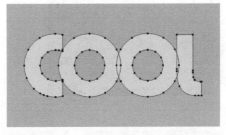

图 14-50

Step 05 使用"直接选择工具" ▶ 逐个选择锚点，调整锚点的位置。根据参考线位置，将文字的上下端对齐，如图

14-51所示。

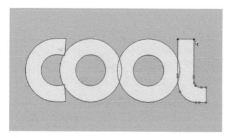

图 14-51

Step 06 在"图层"面板中双击文字图层，在打开的"图层样式"对话框中勾选"描边"复选框，并在右侧的参数面板中设置各项参数，如图14-52所示。

Step 07 在"图层样式"对话框中继续勾选"内阴影"复选框，并在右侧的参数面板中设置各项参数，如图14-53所示。

图 14-52　　　　　　图 14-53

Step 08 完成设置后单击"确定"按钮，得到的图像效果如图14-54所示。

图 14-54

Step 09 执行"文件"|"置入嵌入对象"命令，将素材文件"泳池花纹.png"置入文档，并调整到合适的位置及大小，如图14-55所示。

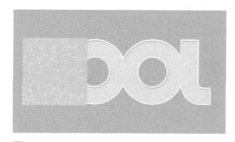

图 14-55

Step 10 按两次快捷键Ctrl+J将"泳池花纹"图层复制两

层，使图案铺满文字，如图14-56所示。将泳池花纹对应的3个图层合并，并命名为"花纹"。

图 14-56

Step 11 在"图层"面板中选择"花纹"图层，按快捷键Ctrl+Alt+G向下创建剪贴蒙版，使其作用于文字图层，效果如图14-57所示。

图 14-57

14.3.2 绘制修饰元素

Step 01 执行"文件"|"置入嵌入对象"命令，分别将素材文件"红色雨伞.png"和"黄色雨伞.png"置入文档，并调整到合适的位置及大小，如图14-58所示。

图 14-58

Step 02 在"图层"面板中双击"红色雨伞"图层，在打开的"图层样式"对话框中勾选"投影"复选框，并在右侧的参数面板中设置各项参数，如图14-59所示。

Step 03 完成设置后，单击"确定"按钮。在"图层"面板中，按住Alt键并单击选中"红色雨伞"图层的"投影"样式，将其拖动到"黄色雨伞"图层上方，如图14-60所示，完成投影样式的复制。

Step 04 上述操作完成后，得到的雨伞图像效果如图14-61所示。

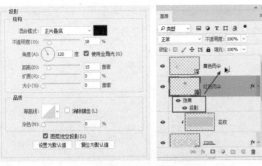

图 14-59   图 14-60

图 14-61

Step 05 在工具箱中选择"椭圆工具"○，在文档中绘制一个无填充、描边为白色、描边大小为8像素的圆形，并将其调整到合适的位置及大小，如图14-62所示。然后在"图层"面板中修改圆形的"不透明度"为60%。

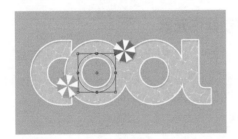

图 14-62

Step 06 按快捷键Ctrl+J复制一个上述圆形，并摆放到合适位置，效果如图14-63所示。

图 14-63

Step 07 下面使用"矩形工具"□来绘制跳水板。在工具箱中选择"矩形工具"□，在文档中绘制一个填充为红色（R:210,G:87,B:70）、描边为深红色（R:149,G:61,B:54）、描边大小为6像素的矩形，将其调整到合适的大小及位置，如图14-64所示。

图 14-64

Step 08 使用"矩形工具"□在文档中绘制一个无描边、填充为深蓝色（R:8,G:55,B:88）的矩形，调整到合适大小后，放置到红色矩形旁边，如图14-65所示。

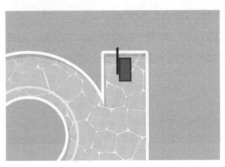

图 14-65

Step 09 按快捷键Ctrl+J将上述深蓝色矩形复制一个，并放置到红色矩形另一侧，如图14-66所示。

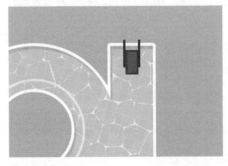

图 14-66

Step 10 使用"矩形工具"□继续绘制两个颜色相同的矩形放置在红色矩形上方，效果如图14-67所示。

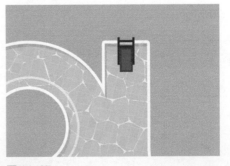

图 14-67

Step 11 完成绘制后，将上述所有矩形选中，按快捷键

Ctrl+G编组，并将图层组命名为"跳水板"，然后为"跳水板"图层组添加"投影"图层样式，参数设置如图14-68所示。添加投影样式后的图像效果如图14-69所示。

图 14-68

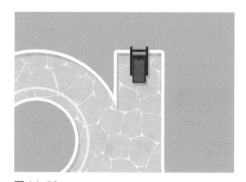

图 14-69

Step 12 用同样的方法，使用"矩形工具" □ 在文档中绘制一架梯子，这里需要注意梯子在岸上和在水下的颜色差别，效果如图14-70所示。

图 14-70

Step 13 下面绘制游泳圈。在工具箱中选择"椭圆工具" ○，在文档中绘制一个"高度"为56像素、"宽度"为56像素、无填充、描边为红色（R:234,G:101,B:121）、描边大小为15像素的圆形，如图14-71所示。

Step 14 使用"矩形工具" □ 在圆形上方绘制一个白色的无描边矩形，如图14-72所示。

Step 15 按快捷键Ctrl+J复制一个上述矩形，并将其旋转90°，效果如图14-73所示。

图 14-71

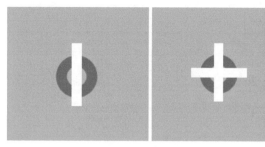

图 14-72　　　　　　　　　图 14-73

Step 16 完成白色矩形的绘制后，分别选中矩形，按快捷键Ctrl+Alt+G向下创建剪贴蒙版，使两个矩形作用于红色圆形，如图14-74，效果如图14-75所示。

图 14-74

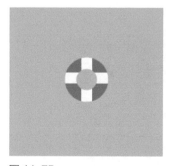

图 14-75

Step 17 选中上述图形，按快捷键Ctrl+G编组，并将图层组命名为"救生圈"。在"图层"面板中选择"救生圈"图层组，右击，在打开的快捷菜单中选择"转换为智能对象"命令。转换操作完成后，为生成的"救生圈"图层添加"投影"图层样式，参数设置如图14-76所示。添加投影样式后，将游泳圈摆放到泳池文字上方，如图14-77所示，可以根据画面将泳池图形进行适当旋转。

件"人物.png"置入文档，如图14-80所示。

Step 02 在选中"人物"图层状态下，使用"套索工具" 🔎 将人物图像单独圈出，如图14-81所示。

Step 03 按快捷键Ctrl+J，使圈出的人物图像成为独立的图层，然后将该人物图像摆放到合适位置，如图14-82所示。

图 14-76

图 14-80

图 14-77

Step 18 按快捷键Ctrl+J将"救生圈"图层复制一层摆放在画面其他位置，然后按快捷键Ctrl+U打开"色相/饱和度"对话框，参照图14-78修改颜色参数，将红色的救生圈更改为蓝色的，如图14-79所示。

图 14-81

图 14-78

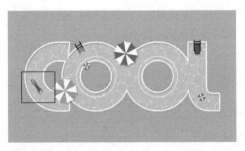

图 14-82

Step 04 用同样的方法，将其他人物图像逐个圈出，并建立单独的图层，然后将人物图像摆放在画面中合适的位置，效果如图14-83所示。

图 14-79

14.3.3 添加人物素材

Step 01 执行"文件"|"置入嵌入对象"命令，将素材文

图 14-83

答疑解惑：人物素材需要根据整体颜色环境来进行校色吗？

　　为了让作品更加精细，根据画面的颜色环境来对置入素材进行校色是很有必要的。这里需要注意的是，如果人物素材需要营造出在水底的感觉，那么可以选择对应素材图层，按快捷键Ctrl+U打开"色相/饱和度"对话框，将素材的饱和度降低一些，这样可以营造出人物存在于水底的视觉效果。

Step 05 双击任意一个人物图层，在打开的"图层样式"对话框中勾选"投影"复选框，并在右侧面板中设置各项参数，如图14-84所示。

图 14-84

Step 06 设置完成后单击"确定"按钮。将该投影图层样式拖动复制到每一个人物图像对应的图层上，给人物添加统一的投影效果，如图14-85所示。

图 14-85

14.3.4 制作人物帧动画

Step 01 执行"窗口"|"时间轴"命令，打开"时间轴"面板。单击创建模式下拉列表框右侧的下拉按钮 ，在打开的下拉列表框中选择"创建帧动画"选项，如图14-86所示。

图 14-86

Step 02 上述操作完成后，"时间轴"面板将进入"帧动画"模式，如图14-87所示。

图 14-87

Step 03 在"帧动画"模式的"时间轴"面板中设置第1帧的帧延迟为0.2秒，如图14-88所示。设置循环选项为"永远"，如图14-89所示。

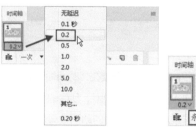

图 14-88　　　　　　　　　图 14-89

Step 04 在"帧动画"模式的"时间轴"面板中单击"复制所选帧"按钮 ，新建一帧，如图14-90所示。

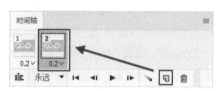

图 14-90

Step 05 在选中第2帧状态下，使用"移动工具" 拖动部分人物图像，适当调整它们的位置，如图14-91所示。

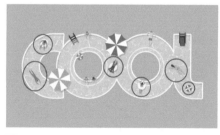

图 14-91

Step 06 完成上述操作后，继续在"时间轴"面板中单击"复制所选帧"按钮 ，新建一帧，得到第3帧，如图14-92所示。

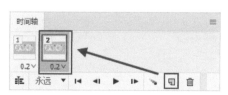

图 14-92

Step 07 在选中第3帧状态下，用同样的方法，使用"移动工具" ⊕ 拖动之前调整过的人物图像，改变它们的位置。这里编者为了避免人物运动频率有所差异，在第3帧的时候调整了两个素材的位置，如图14-93所示。用户在设置帧动画时，可以根据自己的需要和想法来进行调整。

图 14-93

Step 08 之后可以用同样的方法，继续在"时间轴"面板中创建多个帧，来制作人物图像的帧动画。创建的帧越多，并且人物运动幅度越紧凑，最终呈现的动画效果就会越连贯。这里由于篇幅有限，就不再多做阐述了。

Step 09 完成帧动画的制作后，在"时间轴"面板单击"播放"按钮 ▶，预览最终的动画效果，如图14-94所示。

Step 10 执行"文件"|"导出"|"存储为Web所用格式（旧版）"命令，在打开的"存储为Web所用格式"对话框中设置"格式"为GIF，设置"颜色"为256，调整图像宽度720像素、高度为405像素，具体如图14-95所示。单击"存储"按钮，在打开的对话框中设置存储位置及文件名等，完成文件的存储，并将文件输出为GIF动态图像。

图 14-94

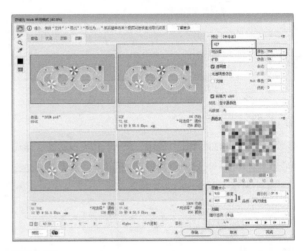

图 14-95

附　录

Photoshop CC 2019快捷键总览

多种工具共用一个快捷键的，可同时按住Shift键加对应的键进行切换。

表1　工具快捷键

功能	快捷键	功能	快捷键
✥ 移动工具	V	画板工具	V
矩形选框工具	M	椭圆选框工具	M
套索工具	L	多边形套索工具	L
磁性套索工具	L	快速选择工具	W
魔棒工具	W	裁剪工具	C
透视裁剪工具	C	切片工具	C
切片选择工具	C	吸管工具	I
3D 材质吸管工具	I	颜色取样器工具	I
标尺工具	I	注释工具	I
123计数工具	I	污点画笔修复工具	J
修复画笔工具	J	修补工具	J
内容感知移动工具	J	红眼工具	J
画笔工具	B	铅笔工具	B
颜色替换工具	B	混合器画笔工具	B
仿制图章工具	S	图案图章工具	S
历史记录画笔工具	Y	历史记录艺术画笔工具	Y
橡皮擦工具	E	背景橡皮擦工具	E
魔术橡皮擦工具	E	渐变工具	G
油漆桶工具	G	3D 材质拖放工具	G
减淡工具	O	加深工具	O
海绵工具	O	钢笔工具	P
自由钢笔工具	P	弯度钢笔工具	P
横排文字工具	T	直排文字工具	T
直排文字蒙版工具	T	横排文字蒙版工具	T
路径选择工具	A	直接选择工具	A
矩形工具	U	圆角矩形工具	U

（续表）

功能	快捷键	功能	快捷键
○ 椭圆工具	U	⬡ 多边形工具	U
／ 直线工具	U	✿ 自定形状工具	U
🖐 抓手工具	H	🖐 旋转视图工具	R
🖵 标准屏幕模式	F	▭ 带有菜单栏的全屏模式	F
▦ 全屏模式	F		

表2　面板显示快捷键

功能	快捷键	功能	快捷键
打开帮助	F1	剪切	F2
复制	F3	粘贴	F4
隐藏 / 显示画笔面板	F5	隐藏 / 显示颜色面板	F6
隐藏 / 显示图层面板	F7	隐藏 / 显示信息面板	F8
隐藏 / 显示动作面板	F9	隐藏 / 显示所有面板	Tab
显示 / 隐藏工具箱以外的面板	Shift+Tab		

表3　菜单命令快捷键

菜单	快捷键	功能
文件菜单	Ctrl+N	打开"新建"对话框，新建一个图像文件
	Ctrl+O	打开"打开"对话框，打开一个或多个图像文件
	Alt+Shift+Ctrl+O	打开"打开"对话框，以指定格式打开图像
	Alt+Ctrl+O	在 Bridge 中浏览
	Ctrl+W 或 Alt+F4	关闭当前图像文件
	Alt+Ctrl+W	关闭全部
	Shift+Ctrl+W	关闭并转到 Bridge
	Ctrl+S	保存当前图像文件
	Shift+Ctrl+S	打开"另存为"对话框保存图像
	Alt+Shift+Ctrl+S	打开"存储为 Web 所用格式（100％）"对话框
	Ctrl+P	打开"Photoshop 打印设置"对话框，预览和设置打印参数
	Alt+Shift+Ctrl+P	打开"将打印输出另存为"对话框
	Ctrl+Q	退出
	F12	恢复图像到最近保存的状态
编辑菜单	Ctrl+Z	还原
	Shift+Ctrl+Z	重做
	Alt+Ctrl+Z	切换最终状态
	Shift+Ctrl+F	渐隐
	Ctrl+X	剪切图像
	Ctrl+C	复制图像
	Shift+Ctrl+C	合并复制

（续表）

菜单	快捷键	功能
编辑菜单	Ctrl+V	粘贴图像
	Ctrl+Shift+V	粘贴图像到选择区域
	Ctrl+F	搜索
	Shift+F5	打开"填充"对话框
	Shift+Ctrl+K	颜色设置
	Alt+Shift+Ctrl+K	键盘快捷键
	Alt+Shift+Ctrl+M	菜单
	Alt+Delete	用前景色填充图像或选取范围
	Ctrl+Delete	用背景色填充图像或选取范围
	Ctrl+T	打开定界框，自由变换图像
图像菜单	Shift+Ctrl+L	执行"自动色调"命令
	Alt+Shift+Ctrl+L	执行"自动对比度"命令
	Shift+Ctrl+B	执行"自动颜色"命令
	Alt+Ctrl+I	打开"图像大小"对话框调整图像大小
	Alt+Ctrl+C	打开"画布大小"对话框调整画布大小
	Ctrl+L	打开"色阶"对话框
	Ctrl+M	打开"曲线"对话框
	Ctrl+U	打开"色相/饱和度"对话框
	Ctrl+B	打开"色彩平衡"对话框
	Alt+Shift+Ctrl+B	打开"黑白"对话框
	Ctrl+I	打开"反相"对话框
	Shift+Ctrl+U	去色
图层菜单	Ctrl+Shift+N	打开"新建图层"对话框，建立新的图层
	Shift+Ctrl+'	快速导出为 PNG
	Alt+Shift+Ctrl+'	导出为
	Ctrl+J	将当前图层选取范围内的内容复制到新建的图层，若当前无选区，则复制当前图层
	Ctrl+Shift+J	将当前图层选取范围内的内容剪切到新建的图层
	Ctrl+G	新建图层组
	Shift+Ctrl+G	取消图层编组
	Shift+Ctrl+G	创建/释放剪切蒙版
	Shift+Ctrl+]	将当前图层移动到最顶层
	Ctrl+]	将当前图层上移一层
	Ctrl+[	将当前图层下移一层
	Shift+Ctrl+[	将当前图层移动到最底层
	Ctrl+E	将当前图层与下一图层合并（或合并链接图层）
	Shift+Ctrl+E	合并所有可见图层
	Ctrl+,	隐藏图层
	Ctrl+/	锁定图层

（续表）

菜 单	快捷键	功 能
选择菜单	Ctrl+A	全选整个图像
	Alt+Ctrl+A	全选所有图层
	Ctrl+D	取消选择
	Shift+Ctrl+D	重新选择
	Shift+Ctrl+I	反选
	Alt+Ctrl+R	选择并遮住
	Alt+Shift+Ctrl+F	查找图层
滤镜菜单	Alt+Ctrl+F	上次滤镜操作
	Alt+Shift+Ctrl+A	自适应广角
	Shift+Ctrl+A	Camera Raw 滤镜
	Shift+Ctrl+R	镜头校正
	Shift+Ctrl+X	液化
	Alt+Ctrl+V	消失点
视图菜单	Ctrl+Y	校样图像颜色
	Ctrl+Shift+Y	色域警告，在图像窗口中以灰色显示不能印刷的颜色
	Ctrl++	放大图像显示
	Ctrl+−	缩小图像显示
	Ctrl+0	按屏幕大小缩放
	Ctrl+1	以实际像素显示图像（100%）
	Ctrl+H	显示额外内容
	Shift+Ctrl+H	显示/隐藏路径
	Ctrl+'	显示/隐藏网格
	Ctrl+;	显示/隐藏参考线
	Ctrl+R	显示/隐藏标尺
	Shift+Ctrl+;	对齐
	Alt+Ctrl+;	锁定参考线

表4 画笔面板常用快捷键

功 能	快捷键	功 能	快捷键
加大或减少画笔尺寸	[或]	加大或减少画笔硬度	Shift+[或]
循环选择画笔	＜或＞		